建筑节能低碳最新技术丛书

可再生能源在建筑中的应用集成

北京无源建筑规划设计院

刘令湘　编译

中国建筑工业出版社

图书在版编目（CIP）数据

可再生能源在建筑中的应用集成/刘令湘编译.—北京：
中国建筑工业出版社，2012.7
　（建筑节能低碳最新技术丛书）
　ISBN 978-7-112-14302-3

　Ⅰ. 可… Ⅱ. ①刘… Ⅲ. 再生能源－应用－建筑
工程 Ⅳ. ①TU18

中国版本图书馆 CIP 数据核字（2012）第 105268 号

　　本书为《建筑节能低碳最新技术丛书》的第五分册，主要介绍了建筑材料可持续发展、智能材料、建筑光照变革、可再生能源在建筑中的应用集成、热电联产和可再生能源、可持续发展的建筑和社区、区域供热制冷、零能耗建筑探索、可持续建筑电力系统的集成控制、建筑能量消耗与降低温室气体排放的前景等相关知识。
　　本书可供建筑师、建筑业主、居者和直接参与建筑业、物业运行管理、维护保养的专业人士，以及大专院校师生、研究人员参考。

　责任编辑：于　莉
　责任设计：李志立
　责任校对：陈晶晶　王雪竹

建筑节能低碳最新技术丛书
可再生能源在建筑中的应用集成
北京无源建筑规划设计院
刘令湘　编译
*
中国建筑工业出版社出版、发行（北京西郊百万庄）
各地新华书店、建筑书店经销
华鲁印联（北京）科贸有限公司制版
北京世知印务有限公司印刷
*
开本：787×1092 毫米　1/16　印张：15¾　字数：393 千字
2012 年 9 月第一版　　2012 年 9 月第一次印刷
定价：**56.00** 元
ISBN 978-7-112-14302-3
（22373）

编 译 者 序

建筑节能低碳最新技术丛书已出版到第五册——可再生能源在建筑中的应用集成。

本册前面三章分别从建筑材料、建筑智能材料和建筑照明三个方面讨论了建筑节能低碳的措施及其最新进展。

建筑中采用可持续发展最新技术的一个重要方面在于建筑材料的改造更新。从全方位和全周期考量，建筑材料的生产几乎都是高耗能、高排放，如水泥、玻璃、隔热材料。现今，中国在上述建筑材料的产量方面几乎都居世界首位。再加上建筑工业不可或缺的钢材（我们的钢铁产量大于第二到第九位生产国产量的总和），高耗能、高排放则不言而喻。建筑材料从生产就采用可持续发展技术在建筑领域节能低碳日显关键，这包括：混凝土、玻璃、隔热材料以及建筑聚合材料各个方面。这便是本册第1章"建筑材料可持续发展"的重要内容。

近些年来问世的智能建筑材料、发光二极管及纤维光度学器件日益对于建筑节能低碳贡献良多，第2章"智能材料"和第3章"建筑光照变革"分别予以报告并评估。

从第4章起，集中介绍可再生能源在建筑中的应用集成。可再生能源在建筑中的应用集成实质上就是结合可再生能源的特点；充分、合理地融入建筑的能源供应使之与自然环境和谐相处；建立通往全球气候验证建筑的可行之路。

如本丛书前几册所述，可再生能源的特点是：能量密度低（如利用太阳能和生物能）、往往与地域（如利用潮汐、地热资源、风力和太阳热电等）以及季节和时间（如利用太阳热能发电、水力、潮汐和风力等）密切相关。显然，可再生能源在建筑中的应用集成必须考虑这些因素。和燃烧化石能源排放温室气体污染环境不同，利用可再生能源对于减少温室气体排放，缓和地球气候变暖意义重大。但是，从另外的视角，也应当关注应用可再生能源对于环境和人类健康可能的影响。这在本丛书前四册已有讨论。

应用可再生能源目前实现的气候验证建筑首推在本丛书第一册《无源房屋——能量效益最佳建筑》专门介绍的无源房屋。此外，独立式、零排放、零能耗等建筑已经有一些可再生能源实际应用的案例。第4章在归纳介绍这些已实现气候验证的建筑的同时，讨论将来的气候验证建筑。然后，分别探讨建筑物集成太阳光-伏发电、太阳能热、小型风力、燃料电池、斯特林引擎、微水力和生物燃料在建筑物的集成。另外，还给出可再生能源在建筑物中集成的一个综合安排图示。

作为一幢住宅建筑物的典型，在第4章结尾集中描绘了太阳能在建筑物中的利用集成。然而，更广义范围的可再生能源在建筑中的集成，必然与居住社区、建筑物群和住宅以外其他用途的建筑物、建筑物群相联系在一起。特别应提及的还有：热电联产技术；区域供热制冷系统；建筑电力系统的集成控制以及降低建筑能量消耗与温室气体排放甚至关于更广泛地实现零能耗和零碳排放建筑的探索。

上述作为可再生能源在建筑中应用集成的重点方面分别在如下几章讨论：

第 5 章　热电联产和可再生能源；

第 6 章　可持续发展的建筑和社区；

第 7 章　区域供热制冷；

第 8 章　零能耗建筑探索；

第 9 章　可持续建筑电力系统的集成控制。

最后，第 10 章展望了建筑能量消耗与降低温室气体排放的前景，以结束本册的讨论。

正值本册丛书编译接近尾声，共有来自世界约 200 个国家和机构的代表参加的《联合国气候变化框架公约》第 17 次缔约方会议暨《京都议定书》第 7 次缔约方会议在南非德班于 2011 年 12 月 11 日当地时间凌晨闭幕。经过近两周"马拉松式"的谈判，大会通过决议：建立德班增强行动平台特设工作组，并将于 2012 年上半年投入工作，不晚于 2015 年制定一个适用于所有《公约》缔约方的法律工具或法律成果，降低温室气体排放。决定实施《京都议定书》第二承诺期并启动绿色气候基金。

国际气候谈判是一场错综复杂的国际经济和政治较量，其制度的变革无疑将是一个漫长而艰苦的过程。本册丛书第 4 章第 4.2.3.1 节"全球气候变化影响的 4 个场景"较详细地描绘了这 4 个场景（Scenario）。以国际社会现今应对气候变化营造环境的进展，进入场景 3 或者场景 4 的危险很大。即便这是太悲观的论调，考虑化石能源渐近枯竭的压力，提高能量利用效率已是必然。这一漫长而艰苦的历程就在我们脚下。

建筑节能低碳最新技术丛书已出到第五册，即最后一册。笔者特别感谢中国建筑工业出版社以深邃的远见和严谨的学风组织出版这套丛书。本丛书涉及世界范围几十个国家的案例贡献；编译出自英、德为主，涉及法、日、拉丁、意大利、荷兰、芬兰、瑞典、丹麦等近十种语言文字，可说是全球建筑节能低碳和应用可再生能源最新成果及经验的荟萃。和出版者一道，笔者愿将本书贡献给对建筑可再生能源利用和节能低碳有兴趣的建筑业主、居者和直接参与建筑业、物业运行管理、维护保养的专业人士。更对大专院校师生、研究生、相关研究设计院所领导、专家和工作人员寄予厚望。

如前四册所述，本书引用一些图片（均附有出处及作者）以飨读者，在此一并对作者致以诚挚谢意。

感谢 CEO 江丽女士和我们团队对编写本丛书的大力支持、协作和帮助。

北京无源建筑规划设计院　刘令湘（Dr. Ing.）

2012.1.10 于北京

目　　录

1 建筑材料可持续发展

建筑中采用可持续发展尖端技术的一个重要方面在于建筑材料的改造更新。从全方位全周期考量，建筑材料的生产几乎都是高耗能、高排放，如水泥、玻璃、隔热材料。

1.1 混凝土

混凝土的主体——水泥，是位列在水之后，最为广泛应用的建筑原料。

1.1.1 混凝土对环境可持续发展的痼疾

作为最广泛应用的建筑材料，混凝土饱受环境学者的非议：

1）高碳的生产技术；

2）利用自然资源——石灰石仅一次。

作为混凝土的主体，水泥生产排放 CO_2 主要包括两部分：

第一，黏土和石灰在 1450℃ 旋转窑燃烧生成。

如燃煤发热量为 22MJ/kg，含 C 65%

$$C+O_2=CO_2$$

燃烧 1t 煤产 CO_2 量 2.38t。

生产 1t 水泥熟料需 0.16～0.296t 煤，产生 CO_2 释放 0.381～0.704t。

第二，碳酸钙变氧化钙反应：

$$CaCO_3=CaO+CO_2$$

普通硅酸盐水泥熟料含氧化钙 65% 左右，每生产 1t 水泥熟料生成 0.511t 的 CO_2。仅这两项，每生产 1t 水泥熟料排放 CO_2 0.892～1.215t。

如若再考虑采矿、成品运输以及其他相关能耗释放的 CO_2，混凝土对于可持续发展而言，乏善可陈。

1.1.2 粉煤灰制水泥

《英国气候变化应对课税条例》（UK Climate Change Levy）提供生产厂家减少二氧化碳排放，减免税额 80% 优惠的回报政策。粉煤灰（Pulverized fuel ash，PVA）制水泥就是全方位混凝土生产过程的减碳方法之一。这种混合水泥含有 30% 的 PVA——燃煤发电厂的副产品。

采用 PVA 还有另一个优点——避免土地回填花费；同时减少对采石场如砾石的自然开采。这里必须注意的是：PVA 是高碳燃煤发电厂的废料，依然含有一些有毒化学物质。目前，PVA 可提供性渐少，因为高碳燃煤发电厂往往被关门停产。

威尔士西北部盛产石板闻名于世的小镇 Blaenau Ffestiniog 被石板废料山所环绕。石板废料山会对周围环境产生粉尘侵扰。此时采用 PVA 具有双重优势：

1）避免过度开采自然资源；

2）大大改善散落在这一地区历经几个世纪石板矿区的景观价值。

图 1-1 所示为小镇 Blaenau Ffestiniog 鸟瞰和景观。

图 1-1　威尔士西北部盛产石板的小镇 Blaenau Ffestiniog

（来源：Snowdonia）

1.1.3　地质聚合物

1.1.3.1　地质聚合物简述

地质聚合物（Geopolymer）是近年来国际上研究非常活跃的非金属材料之一。它是以黏土、工业废渣或矿渣为主要原料，在较低温度条件下，经适当的工艺处理，通过化学反应得到的一类新型无机聚合物材料。

对于地质聚合物，国内有学者建议称为"矿物聚合物"似更贴切。在尚无正式中文命名之前，本书暂称"地质聚合物"。所谓"地质聚合"（geopolymerization）指的是自然矿物：硅氧四面体、铝氧六面体组合成三维链或网格结构的过程。

地质聚合物水泥具有强度高、硬化快、耐酸碱腐蚀等优于普通硅酸盐水泥的性能，同时具有材料丰富、工艺简单、价格低廉、节约能源等优点，并以此引起了世界广泛关注。

鉴于地质聚合物水泥可以在较低温度生产，用其代替普通水泥，避免了高温煅烧，不仅可以节省大量不可再生的化石能源；比起传统硅酸盐水泥生产这一碳排放大户，还可以减少 $80\%\sim90\%$ 的 CO_2 排放。

1.1.3.2 地质聚合物的发展

据称，公元前，秘鲁和埃及辉煌的建筑中就有采用类似地质聚合物的胶凝材料。

近代地质聚合物，特别是地质聚合物水泥的发展和应用当归功于法国科学家 J. Davidovits 的贡献。在研究建筑物有机聚合物阻燃性能的过程中，他发现与有机聚合类似，长石和沸石的合成需要相似的水热条件：高 pH、碱性、150℃。1972 年，Davidovits 申请了地质聚合物历史上的第一篇关于用高岭土通过碱激活反应制备建筑板材的专利。1983 年他协助美国 Lone Star 公司完成了地质聚合物水泥的商业化生产。

此后世界上许多国家的专门机构都在致力于地质聚合物材料内部结构和反应机理的研究，并对其优异性能的应用前景进行了乐观的估计。

20 世纪 90 年代末期，Van Jaarsveld 和 Van Deventer 等致力于由粉煤灰等工业固体废物制备地质聚合物及其应用的研究，包括 16 种天然硅酸盐矿物制备地质聚合物，证明了粉煤灰中较高的 CaO 含量和含有的超细颗粒是合成高强度地质聚合物的有利条件。

图 1-2 展示了近年来全世界地质聚合物及其应用的研究机构雨后春笋一般的成长。

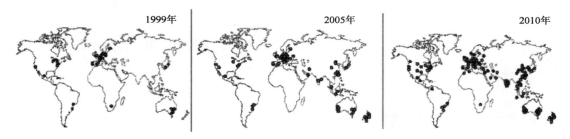

图 1-2 近年来全世界地质聚合物及其应用的研究机构如雨后春笋

(来源：Davidovits，2010)

全球范围内关于地质聚合物及其应用的研究论文发表数量也依照指数曲线上升，特别是在中国。

1.1.3.3 地质聚合物的反应机理

现在大多数的研究者都以 J. Davidovits 的理论作为地质聚合物反应机理的基础。J. Davidovits 提出的"解聚-聚合"机理：铝硅酸盐聚合反应是一个放热脱水的过程，在碱性催化剂的作用下铝硅酸盐矿物的硅氧键和铝氧键断裂，发生断裂-重组反应；形成一系列的低聚硅（铝）四面体单元，聚合后又将大部分水排除，最终生成 Si—O—Al 的网格结构。聚合作用过程即各种铝硅酸盐与强碱性硅酸盐溶液之间的化学反应，最终形成石状体。地质聚合物水泥的这一作用可用作胶凝材料。

地质聚合物是类似共价键的矿物分子三维链或网格结构。它们呈如下组成分子单元（或化学组别）：

　　　　　　　　　　−Si−O−Si−O−　　　　　　　　　　硅氧构造，聚硅氧构造；

—Si—O—Al—O—　　　　　　硅铝构造，聚硅铝构造
—Si—O—Al—O—Si—O—　　　硅铝-硅氧构造，聚（硅铝-硅氧）构造
—Si—O—Al—O—Si—O—Si—O—　硅铝-二硅氧构造，聚（硅铝-二硅氧）构造
—P—O—P—O—　　　　　　　磷酸盐，聚（磷酸盐）
—P—O—Si—O—P—O—　　　　磷酸盐-硅氧构造，聚磷酸盐-硅氧构造
—P—O—Si—O—Al—O—P—O—　磷酸盐-硅铝构造，聚磷酸盐-硅铝构造
—(R)—Si—O—Si—O—(R)—　　有机硅氧构造，聚硅胶

图 1-3 所示为地质聚合物从钾-微量（硅铝-硅氧）构造经聚合胶凝，变成断面网格的钾-微量（硅铝-硅氧）构造固化过程（hardening，setting）的简单描绘。

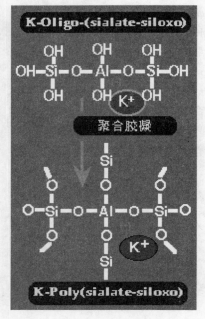

图 1-3　地质聚合物从钾-微量（硅铝-硅氧）构造经聚合胶凝变成断面网格的钾-微量（硅铝-硅氧）构造固化过程

（来源：Geopolymer Institute）

1.1.3.4　地质聚合物的材料类别

地质聚合物的开发及应用共分 9 个主要材料类别：

1）水玻璃基地质聚合物，poly（siloxonate），可溶性硅酸盐，Si∶Al＝1∶0（0 表示不含铝 Al）；

2）高岭石/水方钠石（Kaolinite/Hydrosodalite）基地质聚合物，poly（sialate）Si∶Al＝1∶1；

3）偏高岭土（Metakaolin，MK-750）基地质聚合物，poly（sialate-siloxo）Si∶Al＝2∶1；

4）钙（Calcium-Ca，K，Na）基地质聚合物-sialate，Si∶Al＝1，2，3；

5）石（Rock）基地质聚合物，poly（sialate-multi-siloxo）1＜Si∶Al＜5；

6）硅（Silica）基地质聚合物，sialate link and siloxo link in poly（siloxonate）Si∶Al＞5；

7）飞灰（Fly ash）基地质聚合物；

8）磷酸（Phosphate）基地质聚合物；

9）有机矿物（Organic-mineral）地质聚合物。

1.1.3.5　地质聚合物的应用领域

1）民建工程：低 CO_2 排放、快干水泥、预制混凝土构件以及现场浇铸混凝土。地质聚合物是目前固化和强度性能最为突出的胶凝材料，能缩短脱模时间、加快模板周转、提高施工速度。

2）建筑材料：砖瓦、模块、管道、隔音板、铺面板。

3）考古学：考古古迹修复和恢复。

4）宇航复合材料的复合材料模具结构陶瓷的应用：地质聚合物复合材料因耐高温性能优良——不燃或不在高温下释放有毒气体及烟雾，被应用于航空飞行器的驾驶室或机舱关键部位，提高飞行安全系数。

5）防火材料：防火耐热纤维复合材料；碳纤维复合材料。

6）非铁铸造及冶金：地质聚合物材料能经受 1000～1200℃高温且保持较好的结构性能，能广泛应用于非铁铸造及冶金行业，如浇铸铝制品。

7）利用废物：由粉煤灰、高炉矿渣和尾矿的地质聚合物产品。

8）有毒物质封装固化：有害、具放射性废物和高污染的材料由一种非常防渗而且高强度的地质聚合物材料固化封装。

9）其他：油漆、涂料、胶粘剂。

1.1.3.6　硅酸盐水泥和地质聚合物水泥

图 1-4 所示为硅酸盐水泥和地质聚合物水泥固化过程及砂浆微结构图。

普通硅酸盐水泥的固化过程是经过水化（hydration）完成的。

地质聚合物水泥的固化过程则通过聚合胶凝（polycondensation）。

从图 1-4 所示砂浆微结构图中可以注意到：普通水泥的物质颗粒明显粗且堆叠，这会

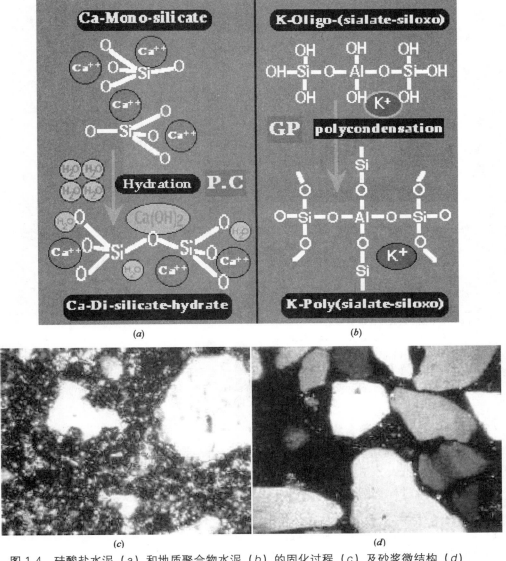

图 1-4　硅酸盐水泥（a）和地质聚合物水泥（b）的固化过程（c）及砂浆微结构（d）

（来源：Geopolymer Institute）

导致出现裂缝和薄弱点。相反，地质聚合物水泥提供了光滑、均匀的微观结构优势。

1.1.3.7 地质聚合过程举例

地质聚合（geopolymerization）指的是自然矿物如硅氧四面体、铝氧六面体组合成三维链或网格结构的过程。地质聚合过程并非基于传统的 L. Pauling 离子理论的硅酸盐四面体晶体结构。

本节内容取材 J. Davidovits 所著《Geopolymer Chemistry & Applications》的第 2、5、6、7 和第 8 章。

（1）6 个原子标识

6 个原子标识用于标示硅酸盐离子结构和 siloxonate/sialate 共价键构建，如图 1-5 所示。

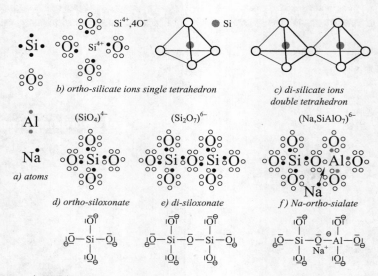

图 1-5　6 个原子标识

a) Si，O，Al 和 Na 原子外层电子分布（受主〇或施主●）；

b) 离子概念四面体（邻-硅酸盐离子，单四面体）；

c) 离子概念（二硅酸盐离子，双四面体）；

d) 共价概念（邻硅氧（盐）化分子，$(SiO_4)^{4-}$）；

e) 共价概念（二硅氧（盐）化分子，$(Si_2O_7)^{6-}$，须金属离子受子）；

f) 共价概念（在碱性介质中具 Si-O-Al 共价键的邻-sialate 分子，须单金属施主离子如 Na^+）。

（2）地质聚合始于低聚合物

地质聚合（geopolymerization）始于低聚合物（二聚体、三聚体、四聚体、五聚体），即提供了实际的三维大分子大厦的单元结构。

（3）地质聚合过程举例——偏高岭土（Metakaolin，MK-750）

地质聚合（geopolymerization）分 3 个阶段：

1）聚（siloxo）-高岭石层的碱解聚；

2）邻-sialate$(OH)_3$-Si-O-Al-$(OH)_3$ 分子的形成；

3）向更高阶低聚物和聚合物的聚合（polycondensation）。

化学机制可依下列所示步骤 1～步骤 7 的化学反应式诠释：

步骤 1——碱化及在边部 sialate-Si-O-Al-(OH)$_3$-Na$^+$ 组生成 4 价 Al：

步骤 2——碱性消溶始于 OH-基附着于硅原子，遂使共价范围扩大到 5 价（pentavalent）：

pentavatent Si

步骤 3——随后的反应是：通过电子从 Si 到 O 的转移实现硅氧烷（siloxane oxygen）Si-O-Si 的破裂——形成硅醇基（silanol）Si-OH 和硅氧基（siloxo）Si-O-：

步骤 4——进一步形成硅醇基（silanol）Si-OH 组合并且隔离邻-sialate 分子，构成聚合过程的基本单元：

步骤 5——基本硅氧基（siloxo）Si-O-和钠离子 Na$^+$ 反应生成 Si-O-Na 终端键：

步骤 6a——伴随强碱 NaOH 的产生，邻-sialate 分子、活性组合 Si-ONa 以及铝羟基（aluminum hydroxyl）OH-Al 间聚合，构建环状-3-sialate 结构（cyclo-tri-sialate structure），此时 NaOH 释出并再次反应，进一步聚合凝结成 Na-poly（sialate）霞石框架

（nepheline framework）：

Na-poly(sialate)
Nepheline framework

步骤 6b——当存在有水玻璃（可溶性 Na-polysiloxonate）时，二硅氧烷（di-siloxonate）Q 和邻-sialate 分子、活性组合 Si-ONa、Si-OH 以及铝羟基（aluminum hydroxyl）OH-Al 间聚合，遂创造邻 sialate disiloxo 循环结构，即碱 NaOH 释放并再次反应。

步骤 7——进一步聚合成 Na-聚（poly）sialate disiloxo 具有典型的长石曲轴链结构（feldspar crankshaft chain structure）的钠长石（albite）框架。

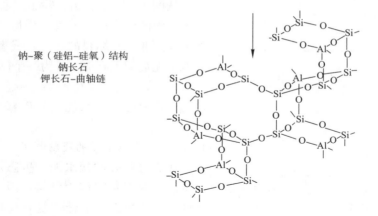

钠–聚（硅铝–硅氧）结构
钠长石
钾长石–曲轴链

1.1.4 生态水泥

生态水泥（Eco-cement）是采用活性氧化镁（reactive magnesia）生产的水泥。

1.1.4.1 生态水泥的节能低碳优势

如前所述，生产普通硅酸盐水泥的回转窑的窑内温度大约需要 1450℃；而生产生态水泥的原料活性氧化镁需要的窑内温度仅为 750℃。因之，在降低能源需求的同时，还大大减少了使用化石燃料所排放的 CO_2，从而缓解对环境的影响。

1.1.4.2 生态水泥的 CO_2 封存

生态水泥在封存大气中 CO_2 的过程中凝结和硬化，并且可以再循环。CO_2 的吸收率随氧化镁（MgO）的孔隙度和含量而异。碳化过程最初速度很快，然后慢慢走向完成。一个典型的生态水泥混凝土块，将有望在 1 年内完全碳酸盐化。

图 1-6 描述生态水泥生产过程中 CO_2 的释放和捕捉（Eco-Cement CO_2 Release and Capture during Manufacture）。

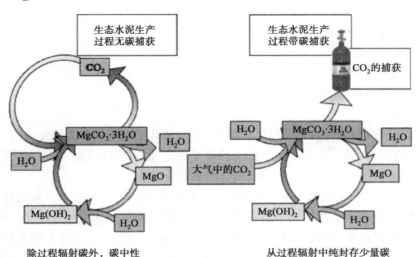

图 1-6 生态水泥生产过程中 CO_2 的释放和捕捉

（来源：TecEco）

9

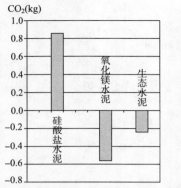

图 1-7 每生产 1kg 生态水泥、氧化镁水泥和硅酸盐水泥之间碳释放（封存）比较
（来源：TecEco）

从图 1-6 可以看出：除了过程辐射碳之外，生态水泥的碳排放量或者是中性，或者非常低；如果使用非化石燃料的能源，或者实现碳储存，生态水泥混凝土有能力成为一个巨大的碳沉降。

图 1-7 给出了每生产 1kg 生态水泥、氧化镁水泥和普通硅酸盐水泥之间碳释放（封存）的比较。

1.1.4.3 生态水泥的废物利用

比起普通硅酸盐水泥，生态水泥能够把更大量的工业废弃物作为骨料，因为工业废弃物碱性小，能减少由于碱性复合反应导致硬化混凝土的损坏。生态水泥也有能力将过时混凝土构件几乎完全回收到水泥生产之中。

生态水泥是一种包括活性氧化镁、环境可持续发展废物的新型环境可持续发展混合水泥。生态水泥用作透水混凝土，从大气中吸收二氧化碳和水来凝结和硬化。此种混凝土也可以被回收再生产生态水泥。诸如飞灰和底灰、炉渣、塑料、纸和玻璃等废物也可以包括在内作为生产生态水泥的原料，这是因为它们的物理性质以及化学成分没有问题。TecEco 计划：使在生产生态水泥中所用到的镁砂在新窑炉上由太阳能加热、研磨以及捕捉二氧化碳。

1.1.4.4 生态水泥的其他优点

除了节能低碳的明显优势，生态水泥比起普通硅酸盐水泥尚有如下优点：

1) 更高强度；
2) 更耐久；
3) 更能抵挡氯的侵蚀；
4) 更防渗；
5) 更抗硫酸盐侵蚀；
6) 更耐碱硅攻击；
7) 更好的抗火性能；
8) 减少容易发生的热裂解；
9) 更耐强酸。

这些优点已在世界各地得以确认了 100 余年。从此处列出的子类别中会注意到：是化学变化导致了这些优势——主要化学成分的差异。这些差异使混凝土具有更严密的凝胶基质，更少与外界侵袭物产生反应生成自由化合物。

Fred Pearce,（著名杂志《New Scientist》环境学顾问）关于生态水泥这样写道："这种方法使我们城市的街道犹如亚马逊森林一样绿。建筑环境的几乎各个方面：从桥梁到工厂，从道路到海堤，难道建筑结构可以吸收二氧化碳——全球气候变暖的主要温室气体？我们需要做的是改变了我们的水泥生产，使我们的建筑环境能变废为宝——可再生资源并形成巨大的碳汇库，这在政治上和经济上是可行的。希望各国政府利用法律的权力，迫使人们回归自然，建立碳沉降，拯救我们的地球。"

1.1.4.5 生态水泥生产实例

生态水泥能否治愈全球暖化——一种新技术可以将引发气候变暖的温室气体从空气中去除而生产出水泥。

图1-8展示了美国加州的Moss Landing power plant，其巨大烟囱的尾气经由海水发泡可制造水泥。

图1-8 美国加州Moss Landing power plant能用CO_2污染物制造水泥
(来源：DYNEGY)

在美国加利福尼亚州Moss Landing power plant燃烧天然气的涡轮机产生超过1000MW的电力。烟道里370℃烟气包含至少30％的二氧化碳以及其他污染物的主要温室气体。

如今，这个充满烟道气体的电厂巨大烟囱，简单地通过附近的海水发泡，总部位于加州的公司Calera宣称：它可以使超过90％的二氧化碳变成有用的东西——水泥。

包括来自联合国政府间气候变化专门委员会的专家和世界上8个最富有的国家（G8）领导人已经肯定这一想法：捕捉煤或天然气等化石燃料燃烧时产生的二氧化碳和其他温室气体，然后永久保存，比如藏在深海的玄武岩中。

Calera的工艺将二氧化碳储存在一个有用的产品之中的想法更向前迈进了一步。据联合国统计2010年中国产水泥近19亿吨。生态水泥代替硅酸盐水泥前景无限。

Calera公司基本上是在模仿海洋"水泥"——珊瑚礁。海水中的钙和镁在正常温度和压力形成碳酸盐所需的仅仅是水和污染物。Calera称："我们做的二氧化碳水泥越用越好：5ft厚水泥，封存二氧化碳，冬暖夏凉，而且抗震性能好；如用来铺路，强度相当于普通硅酸盐水泥的2倍。"

1.1.4.6 可持续发展的混凝土建筑——生态水泥和热质量

本节讨论建筑材料的二氧化碳以及高热质量建筑的动态热响应。

如前所述，采用生态水泥，在未来几年将有更多的低二氧化碳排放量甚至碳中性的混凝土用于建筑。例如，ConGlassCrete，其中包含回收的碎玻璃、啤酒瓶、汽车的挡风玻璃和窗户，作为原料其替代水泥通过的严格测试已经证明了其有效性，部分原料如图 1-9 所示。

图 1-9　ConGlassCrete 水泥原料
（a）收集的玻璃瓶；（b）未加工的碎玻璃；（c）经加工的碎玻璃
（来源：ConGlassCrete）

RockTron，一个新的水泥企业，采用燃煤电站垃圾填埋场的煤灰作原料。其产品刚刚问世就打入了市场。氧化镁或从石油基残留物中提取的地质聚合物水泥的巨大潜力，开发新的水泥……所有这些都体现了低二氧化碳的水泥在商业上非常具有竞争力。

裸露混凝土高热质量建筑物的动态热响应的特点是对环境条件变化的反应时滞，以缓和峰值温度影响。这尤其有利于夏季，混凝土在白天吸收热量防止过热。在一定程度上，建筑物内温度调控（保持舒适条件和防止过热）取决于建筑物结构能量存储（Fabric Energy Storage，FES）系统。然而，要保持舒适条件和防止过热，不仅是尖峰外界气温，建筑物混凝土结构的辐射温度也很重要。

热质量用来描述材料热量储存能力，包括 3 个基本属性的组合：

1）高的比热容——最大化每 1kg 材料所存储的热量；

2）高密度——最大化所用材料的全部质量；

3）恰当热传导率——使建筑物内外热流昼夜大体平衡。

水泥正是满足上述 3 条件的建筑材料，当然生态水泥亦然。

1.1.4.7 生态水泥的碳化过程

更多氧化镁添加到生态水泥，这使之更为容易渗透，吸收更多的二氧化碳。二氧化碳的吸收率随渗透率而异。碳化开始很快，但完成需要一个相对缓慢的过程。一个典型的生态水泥混凝土块，将有望在 1 年内完全成为碳酸盐。图 1-10 描绘了这一过程。

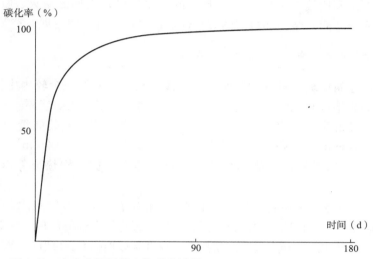

图 1-10 生态水泥混凝土块碳化过程

（来源：TecEco）

1.1.4.8 生态水泥制作步骤

生态水泥制作步骤如下：

1）菱镁矿磨碎在窑炉热的区域，磨碎效率更高；

2）菱镁矿（镁化合物）在窑中加热到大约 600～750℃，在加热过程中产生活性氧化镁；

3）添加定量活性氧化镁粉，如果需要的话，补充胶凝材料如粉煤灰，由此产生的混合粉是生态水泥；

4）与水、砂、砾石和废料混合物聚集，则成为生态水泥混凝土，再经浇铸压制成块或作其他用途。

1.2 玻璃

如今，建筑物正日益朝着最大化自然采光引入室内更多的自然元素——增加前立面和屋顶的玻璃面积比例；遂使玻璃成为建筑的结构性材料。

如今，节省能量成为建筑业发展的主要推动力。在欧洲很多国家，安装节能隔热玻璃已是强制性措施。现在，更进一步的立法要求使用高效的镀膜-低辐射（low-emissivity）玻璃。

1.2.1 可持续发展建筑中的玻璃

大多数建筑物中的玻璃在外部和内部均作为结构性材料，比如按功能来说：既作装饰，也承担内部组件。世界范围内人们日益认识到建筑的质量对于环境质量和人类生活质量的重要性。

在气候炎热地区，较大玻璃面积会导致对空调更大程度上的依赖，而采用先进的太阳能控制玻璃产品，既允许太阳光射入室内又不会造成过多热量进入，可以缓和空调的负担。

除了改善能量利用效率和减少 CO_2 释放的重要贡献，玻璃的耐火、噪声隔离、提供个人隐私以及安全空间、装饰和自清洁等特性对促进社区可持续发展亦至关重要。

1.2.2 可持续发展建筑中玻璃的热隔离

可持续发展建筑中玻璃具有优良保温、高透光和低反射的一个较为中性的外观组合，提供无与伦比的热绝缘和无源太阳能热增益。本丛书第一册《无源房屋——能量效益最佳建筑》第 3 章（无源房屋的窗户）有详细介绍，请读者参阅。安装能量利用高效的镀膜-低辐射（low-emissivity）玻璃窗户［整个窗户传热系数 $U_w < 0.8W/(m^2 \cdot K)$］大大改善了建筑物内部空间保温隔热性能和舒适度并且使建筑围护结构热损失以及室内凝结最小化。

本丛书第二册《建筑无源制冷和低能耗制冷》第 3 章第 3.4.1.3 节中曾介绍的用镀有透明低辐射膜玻璃做的真空玻璃，像镀银杜瓦瓶一样大大降低了辐射传热。真空玻璃节能窗是第三代玻璃门窗，据北京"新立基"最新报道：双真空玻璃的 U_w 约为 $0.4W/(m^2 \cdot K)$。

1.2.3 可持续发展建筑中玻璃的太阳光控制

太阳光可控玻璃既允许太阳光射入室内又不会造成过多热量进入，大大缓解了对空调的过度依赖，并且减低了 CO_2 排放。

本丛书第二册《建筑无源制冷和低能耗制冷》第 3.4.1.1 节关于阳光控制膜玻璃和 3.4.1.2 节关于控制太阳光辐射的玻璃，称智能玻璃（Smart glass, EGlass, or switchable glass）是利用电致变色原理制成。装上变色玻璃的建筑物可减少采暖和制冷需用能量的 25%、照明的 60%、峰期电力需要量的 30%。

电致变色（Electrochromic）玻璃的应用典型是德国德累斯顿 Stadtsparkasse 银行，如图 1-11 所示。电致变色玻璃可以提供 5 种不同程度的光强和热量传导。

1.2.4 可持续发展建筑中玻璃的防火性能

保护使用者和财产免遭火灾的玻璃包括：有线玻璃、特殊改性的钢化玻璃和特殊的确定膨胀夹层的玻璃。后者不仅对火焰和烟雾保护，也对火灾有颇高的热保护。

清晰采光和隔热等性能应与防火性能兼而备之。

1.2.5 可自清洁玻璃镀膜

可自清洁玻璃镀膜一般分为两类：

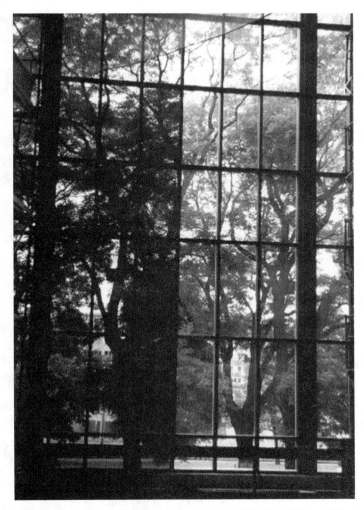

图 1-11　德国德累斯顿市 Stadtsparkasse 银行南立面 8m×17m
电致变色（Electrochromic）玻璃窗户，窗户左部是彩色的
（来源：H. Wittkopf, Flabeg GmbH）

1）疏水性（hydrophobic）；

2）亲水性（hydrophilic）。

两种镀膜均可通过水的作用去除污垢：疏水性镀膜借助滚动水滴驱除污渍；而亲水性镀膜借助隔膜隔水带走污垢。亲水性镀膜基于二氧化钛，还有一附加效应：在阳光下化学裂解吸附的污垢。

对于高层摩天大厦，可自清洁玻璃能节省每年巨大的清洁开销。

1.2.5.1　疏水性自清洁玻璃

对自清洁玻璃疏水（hydrophobic）表面的要求是：对水有强烈的排斥作用即非常高的静态接触角——$\theta > 160°$，此时水会成水滴状，如同常见的荷叶；另外，非常低的滚降角度，即液滴滚降所须的最小表面倾角。

已有一些技术称"超疏水镀膜"（ultra-hydrophobic coatings）技术，诸如利用：

物理过程——借助于离子刻蚀和聚合物珠压缩（ion etching and compression of polymer beads）成型的聚合物和蜡；

化学过程——等离子化学糙化（plasma-chemical roughening）处理。

尽管这些技术是有效的，但也在使用中暴露出弊端：批量疏水（hydrophobic）表面处理费时且昂贵；并造成朦胧不清，不宜用于镜头、窗户和易碎材料上。

1.2.5.2　亲水性自清洁玻璃

亲水性自清洁玻璃镀膜主要成分是二氧化钛（TiO_2）。在玻璃上镀/涂一层二氧化钛薄膜后，由于二氧化钛在（紫外线）光的作用下可以产生良好的催化特性而具有超亲水性。这一过程被称为"光催化"（photocatalysis）：它使得很小的水滴聚成大的水滴，在重力的作用下脱落，遂使沾染在玻璃上的污渍易被水冲走，特别适合用于户外建筑玻璃。

其优点是价格便宜，缺点是必须有紫外线照射，而且附着性尚不太好。还有待进一步研究使技术更成熟。

据悉，无机纳米硅材料是一个新的成功选择。

1.3　保温隔热材料

保温隔热材料多用于建筑的墙壁、屋顶和地板。

隔热绝缘材料如今成为建筑可持续发展的重要组成部分。保温隔热好的住宅能够大大降低冬天采暖和夏天制冷的能量耗费。另一方面，良好的保温隔热对减少影响全球气候变化的碳排放贡献巨大。就能量效益而言，投资高水平保温隔热材料比起昂贵的采暖技术设施更划算。就建筑设计方面，选择正确的保温隔热材料亦至关重要。本丛书第一册《无源房屋——能量效益最佳建筑》第2章2.3节（保温隔热材料）有详细介绍，敬请读者参阅。

1.3.1　通常的保温隔热材料

通常保温材料是由石化产品生产的，包括：玻璃纤维、矿棉、聚苯乙烯、聚氨酯泡沫塑料以及多层箔片。这些材料得以广泛应用不仅由于购买和安装均价廉；而且在于隔热保温性能往往比自然保温隔热材料来得好。

然而，几乎所有这些传统保温隔热材料都含有对环境污染的化学阻燃剂、胶粘剂和其他添加剂。

另外，这些保温隔热材料的生产过程耗费非常大量体现能量（Embodied Energy）。

再者，聚苯乙烯、聚氨酯泡沫塑料——有机保温隔热材料易引发建筑火灾。例如：从2005年1月2日南京青少年活动中心在建楼因电焊火花引发保温材料燃烧过火面积6000m^2损失70万到2009年元宵夜北京央视大楼配楼爆竹引发保温材料燃烧过火面积10万m^2造成消防员1死7伤，中国20余起高楼火灾并没有引起相关部门重视。而2010年底上海电焊火花引发保温材料燃烧造成几十人死亡的惨案更令人痛心不已。

依照德国国家标准：高22m及以上建筑物禁止使用聚苯乙烯、聚氨酯泡沫塑料等有机保温隔热材料作外墙外保温。美国、英国和日本等发达国家均有类似规定。时至今日，2011年春节沈阳"东北第一高楼"由于燃放爆竹引发大火之后，中国相关国家标准仍未见出台。

1.3.2 天然保温隔热材料

对于化学合成保温隔热材料的绿色替代是天然保温隔热材料。

1.3.2.1 羊毛

羊毛，这种材料通常尚须经过化学处理以防止螨虫和减少火灾风险。它有着非常低的能耗和良好的隔热性能。Thermafleece 是最常见的商业品牌。

1.3.2.2 亚麻和大麻

亚麻和大麻是天然植物纤维，呈板和卷材状供应。亚麻和大麻保温隔热材料通常含有硼酸盐（一种杀真菌剂、杀虫剂和阻燃剂）、马铃薯淀粉（作为胶粘剂）添加到亚麻。这两种材料具有低的体现能量，往往组合在产品中。常见品牌包括 Isonat 和亚麻 100。

1.3.2.3 赛璐珞

由旧报纸和其他再循环品生产的赛璐珞（Cellulose）是最被看好的天然保温隔热材料之一。赛璐珞经常被松散地填吹进空心墙、地板和屋顶；或呈板和卷材状供应。与亚麻和大麻类似，赛璐珞亦含有硼酸盐作为添加剂。常见品牌有 Warmcell 和 Ecocel。

图 1-12 所示为赛璐珞被松散填吹进空心的阁楼、墙、地板和屋顶的情形。

图 1-12 赛璐珞被填吹进空心的阁楼、墙、地板和屋顶
（来源：Warmcell）

由旧报纸和其他再循环品生产的赛璐珞天然保温隔热材料优势如下：

1）无与伦比的热传导率值（Thermal conductivity value）：$k=0.035\mathrm{W/(m \cdot K)}$；

2）应用方便；

3）密封好，高效节能；

4）加入无机盐使防火性能更好；

5）低碳甚至零碳排放。

1.3.2.4 木纤维

由木材芯片压缩成板或垫，使水或天然树脂作为胶粘剂。它具有非常低的体现能量，并仅使用来自林业的副产品。品牌包括：Pavatex，Thermowall 和 Homatherm。

1.3.2.5 膨胀黏土骨料

在非常高的温度下，小陶土颗粒经膨胀变得轻巧，多孔并可承重。它们可用于建筑基础也可以作为绝缘层和聚合材料。它们有良好的保温隔热性能，但生产过程高能耗。

1.3.2.6 环境友好的保温隔热材料

相对于通常保温隔热材料，天然产品有很多优点：对环境影响小，来自可再生、有机资源和低能耗。它们可以重复使用和回收并完全生物降解；无毒、无过敏源、可以安全地处理和安装。它们还允许一个建筑物通过其吸水特性调节湿度，呼吸；并减少凝结的问题；保持室内环境的舒适和保护木结构不会因任何腐烂而破坏。

1.3.2.7 天然保温隔热材料的局限及前景

然而，相对于通常保温隔热材料，天然保温材料目前价格竟高出 4 倍；使业主、建筑师和开发商望而却步。

但是，天然的保温隔热材料对环境和健康的好处远远超过了其成本。日益增长的消费需求、政府调控相结合和石油价格上涨将不可避免地压低价格。尽管价格高，天然保温隔热材料仍不愧是一个造就更好室内和室外环境、节能、健康和可持续发展的选择。

图 1-13 所示是由威尔士 Centre of Alternative Technologies，CAT at Machynllrth of Wales 的 "CAT Wise" 项目建筑图片——欧洲最大可持续建筑发展教育中心，包括：

200 个座位的讲演剧场（lecture theatre）；

3 个研讨会议室；

3 个车间（workshops）；

24 个双人学员宿舍（bedrooms）；

餐厅；

生物系实验室；

20 间办公室；

前厅（foyer）、接待室和会议休息空间。

宿舍　　　　　车间　　　　　庭院　　　　　前厅　　　　　讲演剧场

不断开发建材：
当地产木料；
夯实的土；
玻璃；灰泥；
有机涂料等可
再生原料。

图 1-13 威尔士 Centre of Alternative Technologies，CAT at Machynllrth of Wales 的 "CAT Wise" 项目建筑图片

(来源：CAT)

在 "CAT Wise" 项目中，天然保温隔热材料如夯实的土、稻草等都有采用。

1.3.3 保温隔热材料的最新进展

1.3.3.1 新的热屏蔽技术

COAT PC200 防水和热屏蔽（thermo-shield）涂料生产真空 "微球"，它同时具有非常低的导热系数、丙烯酸树脂的良好的耐候性以及对其他添加剂和水的阻力。因为这些真空 "微球" 仅含 7％ 的土壤成分，而其余的 93％ 是空气，它可以非常有效地保温。这是其他反射隔热材料如常见的白色涂料所无法比拟的。另外，由于弹性、耐候性的耐水丙烯酸树脂的介入，一次处理可同时具有防水和保温隔热功能，省时又省钱。

仅 1mm 厚的 COAT PC200 涂层，其隔热效果为 10cm 厚水泥的 10 倍，同时可降低噪声 10dB。

图 1-14 所示为防水和热屏蔽涂料工作原理。

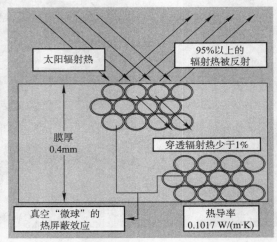

图 1-14 防水和热屏蔽涂料工作原理

(来源：ENVIRCOAT)

防水和热屏蔽涂料特别适合喷涂于屋顶（图 1-15），隔热效果夏天可使室内温度下降 5～8℃，另外具有防水防噪声效果。

屋顶表面喷涂防水和热屏蔽涂料一般厚于 0.5mm。

它在陶瓷、木头和金属表面能附着良好。

图 1-15 防水和热屏蔽涂料特别适合喷涂于屋顶

（来源：ENVIRCOAT）

1.3.3.2 Korund 产品

类似产品还有 Korund。这种基于纳米技术的隔热绝缘材料由丙烯酸酯胶粘剂（催化剂和固定剂的混合物）、陶瓷超薄层的纯净空气填充的纳米球组成。除了基本结构，也有特殊的添加剂，可喷涂在混凝土表面、金属表面，无高湿度真菌，防止腐蚀。这种结构使得材料轻便灵活。

它对目标表面有高附着力，是由类似于普通油漆的一种白色的悬浮液聚合物涂层干燥后形成的。比起普通隔热材料，具有独特的保温隔热性能，还提供防腐蚀保护。

Korund 产品的应用领域：

1）住宅建筑的前立面、墙、结构空间保温隔热；

2）工业楼宇、仓库、公用设施和工厂的保温隔热；

3）在所有行业，包括石油和天然气工业的管道隔热绝缘；

4）拖车、集装箱、罐的隔热绝缘。

图 1-16 所示为建筑墙体（a）和工业管道（b）上 Korund 产品的应用（右），相对于普通保温隔热层（左）显示出一系列优势，而且安装十分简单。

基于纳米技术的隔热绝缘材料 Korund 特性综合如下：

1）可应用于金属、塑料、混凝土、砖和其他建筑材料以及设备、管道和风管；

2）对用于金属、塑料、丙烯均具有良好的粘附性，并且涂层表面与水和空气隔离；

3）抗水耐盐，抵抗湿度、温度和气候变化；

4）减少热损失和防止腐蚀；

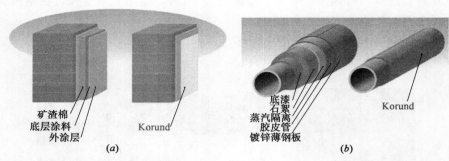

矿渣棉
底层涂料
外涂层
Korund
(a)

底漆
石絮
蒸汽隔离
胶皮管
镀锌薄钢板
Korund
(b)

图 1-16　Korund 产品的应用

(*a*) 建筑墙体；(*b*) 工业管道

(来源：Korund)

5）防止凝结；

6）1mm 隔热效果相当于 50mm 厚的常用保温隔热材料；

7）可以用于任何结构表面；

8）对结构件不形成负荷；

9）防止金属结构热变形；

10）反射射线 85% 以上的能量；

11）无需停产即可接近隔热层进行检查处理；

12）防紫外线；

13）迅速刷涂或采用无气喷涂手段，降低劳动成本；

14）容易修理和保存；

15）可在 800℃ 以上防火，停止火焰；

16）生态安全，无毒；

17）耐碱；

18）pH8.5～9.5；

19）喷涂一层 24h 可干；

20）20℃ 温度情况下，热传导率 0.0012W/(m・K)。

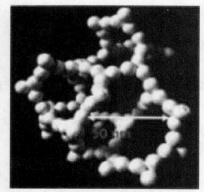

图 1-17　纳米孔超保温材料尺寸示意

(来源：NanoPore)

1.3.3.3　纳米孔超保温材料

纳米孔超保温（NanoPore™ ultra thermal insulation）材料，是一个具低密度，毛孔细小的多孔固体。成分是无定形二氧化硅和碳在一个三维、高度支化的初级粒子聚集成较大的颗粒（20～30nm）的网格。它有直径 30～70nm 的空腔，比一般保温隔热材料的热传导率低 100 倍。

图 1-17 所示为这一纳米孔超保温材料尺寸。

鉴于这种纳米尺度的孔隙率，使纳米孔超保温材料具有卓越的热性能：基于内保温经验的气体分子的克努森效应（Knudsen effect，通常模拟流体流动时采用连续假设对于很多的流动状态都适合，但随着系统尺度的减小，连续流动假设渐渐开始不适合真实的流体流动。一般，用克努森数（Knudsen Number）来判断流体是否适合连续假设），消除了气体分子与孔壁的能量交换。由于低密度以及纳米孔超保温材料专有的红外线遮光特性大大降低了辐射，固体纳米孔超保温材料热传导率很低。

图1-18所示为纳米孔超保温材料和常用保温隔热材料：玻璃纤维、膨胀聚苯乙烯（EPS）和聚氨酯（PU）间的热传导率比较。

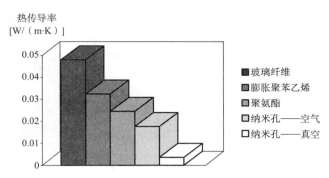

图1-18　纳米孔超保温材料和常用保温隔热材料间的热传导率比较

（来源：NanoPore）

图中所示热传导率值都是指温度在20℃的情况下。所有热传导率值均会随温度降低而改善，反之变坏。

1.3.3.4　隔热三明治墙板

最近，CHRYSO开发的可控热特性的"隔热三明治墙板"取得世界专利权。此创新的连接系统特点如下：

1）确保静力负荷分配以及允许墙板膨胀时也减少热能损失，方便现场植入连接；

2）提供标准软件设计以达到预先估计的热特性，达到最佳性价比；

3）可用于各种不同类型（水平、垂直、预留窗门口）预浇铸墙板；

4）体轻、适应预应力墙板；

5）避免板间热桥；

6）预浇铸墙板生产快速方便，见图1-19（*a*）所示；

7）现场组装容易，见图1-19（*b*）所示。

1.3.3.5　透明隔热材料

本丛书第二册《建筑无源制冷和低能耗制冷》第10章10.6节中曾介绍过透明隔热体。这里介绍Sto Therm Solar外墙外保温体系的保温隔热材料是一种透明的外保温体系，它的保温材料是利用回收旧玻璃制成的透明空心导管，防护层与饰面层也分别为透明的玻璃纤维棉及玻璃珠密封层。Sto Therm Solar外墙外保温体系由Sto AG公司于1994年开发，因其卓越的性能和创造性的发明，于1996年荣获德国政府革新大奖，被大量低能耗建筑所应用。

Sto Therm Solar外墙外保温体系可以得到120kWh/（m² · a）的能量增益。冬天，外面气温可能低于−10℃，而当有低角度入射太阳光，透明隔热体背面温度仍可高达60℃，

图 1-19　生产预浇铸墙板

（a）安装就位；（b）快速方便

（来源：CHRYSO）

遂使室内温度维持在 20℃上下。此时，即便北立面为电梯间立面，Sto Therm Solar 外墙外保温体系可以得到 $40kWh/(m^2 \cdot a)$ 的能量增益。

图 1-20 展示了用于住宅前立面透明隔热材料。

图 1-20　基于透明隔热材料的建筑前立面

（a）多家住宅（德国 Rotkreuz 市）；（b）Townhouse（德国 Braunschweig 市）

（来源：Sto AG）

1.3.3.6 泡沫玻璃

建筑物围护结构的热绝缘应当完备无隙。除了墙壁和屋顶隔热保温部件，地面热绝缘必须是具有足够的抗压强度和抵抗土壤中水分、腐殖酸和害虫的能力。高性能泡沫玻璃（FOAMGLAS）保温隔热材料可以承载、经久耐用以及生态可持续发展，在建筑应用中值得关注。

图 1-21 展示了高性能泡沫玻璃保温隔热材料地板的铺设。

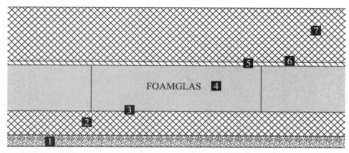

图 1-21　高性能泡沫玻璃保温隔热材料地板的铺设

1-建筑基础；2-混凝土地基；3-预铺底层；4-泡沫玻璃板用热沥青铺就；

5-沥青防水层；6-分离层；7-混凝土板

（来源：FOAMGLAS）

住宅或商业用途建筑物的地下室越来越多地被纳入规划。泡沫玻璃保温隔热材料使墙壁与地面的连接更安全，隔热层须特别注意避免水分渗漏并保障随后装修的可靠。

图 1-22 展示了泡沫玻璃保温隔热材料应用于建筑的不同情形。

(a)

(b)

图 1-22　泡沫玻璃保温隔热材料应用于不同建筑

(*a*) 基础层地板；(*b*) 前立面；(*c*) 外墙内保温；(*d*) 综合屋顶系统；(*e*) 特别隔热系统

注：在 (*a*)、(*b*)、(*c*)、(*d*) 和 (*e*) 中，左侧图是德国实例，右侧图为美国实例。

(来源：FOAMGLAS)

1.3.3.7　真空隔热材料板

真空隔热材料板（Vacuum Insulation Panel，VIP）是一种特殊非均匀保温隔热材料，如图 1-23 所示。经过良好真空处理的 VIP 的热传导系数约 $0.004W/(m \cdot K)$。

国际能源局（IEA）考核了环境温度和蒸汽压力对真空隔热材料板性能的影响。IEA 报告的结论是：一旦真空隔热材料板安装就绪，这些影响造成故障的危险还是相当低的（详见 IEA Annex 39 Subtask A report）。

真空隔热材料板产生的热桥影响包括 3 个主要方面：

1）由于包裹压缩粉末硅核之铝膜的高隔阻产生热桥；

2）由于构造此元件边缘的距离保持器引发的热桥；

3）由于此元件与窗框或立柱等承重系统的连接造成的热桥。

为减小热桥的影响，特别是在真空隔热材料板（VIP）边缘出现的热桥，外包裹往往

(d)

图 1-26 瑞士巴阿的一座单层画室，屋顶和地板安装了 VIP

(a) 建筑外观；(b) VIP 和窗户结点垂直断面；(c) 室内屋顶红外线热像图，立柱直接接触混凝土板；(d) VIP 地板隔热层安装步骤

2) 瑞士 Landschlacht 一座独家住宅安装了 VIP 多层墙（图 1-27）。

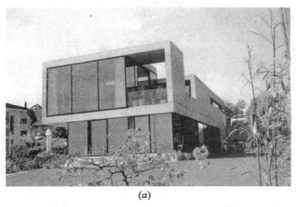

(a)

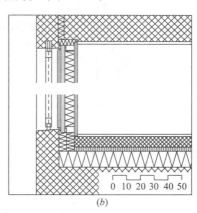

(b)

(c)

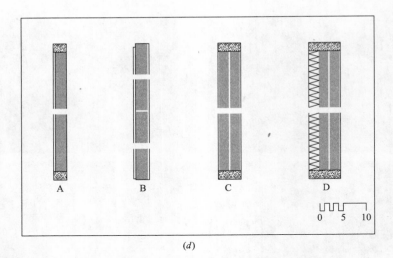

(d)

图 1-27　瑞士 Landschlacht 一座独家住宅安装的 VIP 多层墙（Multiplac）

（a）建筑外观；（b）带有 VIP 的前立面剖面图；（c）前立面细部，除 VIP 外有滑动元件；（d）VIP 多层墙：A-后束前立面；B-室外应用；C、D-高度隔热层

3）德国慕尼黑一座独家半木住宅在外墙、屋顶和门上安装了 VIP（图 1-28）。

(a)

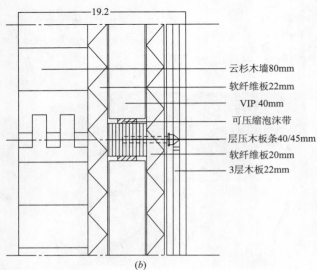

19.2

云杉木墙80mm
软纤维板22mm
VIP 40mm
可压缩泡沫带
层压木板条40/45mm
软纤维板20mm
3层木板22mm

(b)

(c)

(d)

图 1-28　德国慕尼黑一座独家半木住宅外墙、屋顶和门安装了 VIP

（*a*）建筑外观：左-南立面，右-北立面；（*b*）北墙剖面图；（*c*）板条上安装 VIP；（*d*）建筑物东北角热像图

1.4　可持续发展建筑聚合材料

在建筑结构工程中聚合材料（亦称"骨料"）用于与水泥、沥青、石灰、石膏或其他胶凝剂混合，制备混凝土或砂浆。聚合材料给予成品体积、稳定性、耐磨损和耐侵蚀以及其他所需的物理-化学性质。常用的聚合材料，包括砂、压碎或破损的石头、砾石（卵石）、碎高炉矿渣、锅炉灰烬（熟料）、烧页岩以及烧黏土。细骨料通常由砂、碎石或粉碎筛选渣组成；而粗骨料由砾石（卵石）、碎石、炉渣和其他粗料组成。细骨料用于薄的混凝土光滑表面；而粗骨料用于更大更多的混凝土组件部分。可再生、可再循环使用的可持续发展建筑聚合材料（sustainable aggregates）近年来迅猛发展。

1.4.1　再循环粉碎混凝土和沥青

人们越来越多地依生态特性来评估建筑材料。混凝土再循环变得越来越重要，因为这不仅保护了自然资源；而且通过利用这些已经存在的混凝土作为新混凝土的聚合物资源或者其他用途而不须再为处置它们而操心。按照 2004 年美国联邦公路管理局的研究，美国 38 个州回收破碎混凝土作为混凝土骨料基础；11 个州回收到制造新硅酸盐水泥混凝土（Recycled Concrete Aggregate，RCA）。研究报告表明：RCA 与自然聚合物（natural aggregates）的性能一样。

当然，再循环混凝土中的钢筋必须去除并且破碎均匀以确保 RCA 的质量。另外，必须小心可能招致麻烦的其他材料：如沥青、土壤和黏土球、氯化物、玻璃、石膏板、密封剂、纸、石膏、木材和屋面材料等，以防止污染。

图 1-29 所示为再循环建筑物基础材料——回收粉碎混凝土和沥青的原料回收。

图 1-29　混凝土再循环聚合物

（来源：Britanica）

　　通常，未经处理的骨料（37.5mm 或 50mm 碎块）用于铺路基础、填料、护岸堤、排水管道基础或隔声屏障。

　　破碎的混凝土经过选择性拆毁、再经破碎机的空气筛分或者减小尺寸可用于新铺路混凝土、桥梁基础、结构等级混凝土、沥青混凝土等。

　　从现有道路、建筑物和其他建设项目的拆迁所产生的材料可以回收有用的建筑骨料。用这种材料加工成高品质的聚合基础材料，节约了自然资源，同时减少了送往堆填区的废物。

　　沥青搬迁摊铺，又称再生沥青路面（reclaimed asphalt pavement，RAP），回收的材料经粉碎、筛选和重新成为沥青混合料可作为新的街道和停车场的基础。

　　原来有搅拌好的混凝土制成的路缘石、基础和人行道被破碎成基础原料。这些材料的应用比我们利用自然资源作为建筑聚合材料更经济。

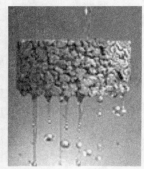

图 1-30　透水混凝土

（来源：LEED）

1.4.2　透水混凝土

　　透水混凝土主要用于雨水径流（图 1-30）。

　　透水混凝土又称多孔混凝土，是一个非精细的混合，很少甚至根本没有砂子或细骨料。透水混凝土是雨水管理系统的组成部分和重要的条件，雨水径流和地下土壤条件是成功实施的重要因素。

　　透水混凝土成功用于雨水处理系统，比如美国联邦环境保护署在华盛顿的大本营（Federal Environmental Protection (EPA) Headquarters in Washington DC）。

1.4.3　多孔沥青

　　多孔沥青也称"沥青混凝土"，主要用于路面铺设（图 1-31）。

　　与透水混凝土类似，多孔沥青是一种渗水性沥青铺面。它也是一种非精细的混合，很少甚至根本没有砂子或细骨料。

　　特别值得注意的是，多孔沥青雨水管理系统是一个不可分割的部分，像雨水径流和地下土壤条件量等重要条件，是在雨水管理解决方案成功实施的重要因素。

1.4.4　温拌沥青混合料

　　温拌沥青混合料技术，可使热拌沥青路面材料降低铺就温度

图 1-31　多孔沥青路面

（来源：LEED）

50～100°F（图1-32）。

这种铺就温度的急剧降低，能够显著降低油耗并减少温室气体排放。此外，潜在的工程益处尚包括更好地压实路面，特别是较长距离的道路以及在较低温度下的铺平压实。

图1-32　搅拌成混凝土

左：与飞灰或焦渣搅拌成混凝土；右：与白水泥搅拌成混凝土

（来源：LEED）

1.4.5　搅拌成混凝土

发电厂烟囱中的飞灰以及钢铁厂转炉焦渣量大而且便宜，可有效地作为替代品制作硅酸盐水泥。其优点还在于改善强度、分离性而且容易抽吸至混凝土上面。

1.4.6　蜂窝轻质混凝土

工业废物的蜂窝轻质混凝土（Cellular Lightweight Concrete，CLC），是一个特别令人鼓舞的产品，比起常规方法节省大量能源。它利用工业废物——电厂油页岩、煤飞灰作为原料，在通常大气条件下，生产建筑材料：高质量的砖、混凝土件和其他建筑元件。

下面给出一个典型蜂窝轻质混凝土制砖的混合配方：

硅酸盐水泥	190kg
砂	430kg
飞灰	309kg
水	250kg
发泡剂	

1.4.7　生物聚合基建筑材料

书记处设在法国巴纽（Bagneux）的RILEM技术委员会（TC）将研究生物聚合基建筑材料——用容易获得的植物粒子或纤维制成可再生、容易再循环的建筑材料。这些材料是由大麻、亚麻、芒属植物、松、玉米、向日葵、竹等制成。TC将集中力量研究植物粒子和纤维而不包括纤维与聚合物的合成体。这些颗粒和纤维作为聚合骨料与一种或更多的聚合骨料以及胶凝剂一起使用。胶凝剂可源于矿物（水泥、石灰）、植物或动物。

TC研究的重点是选择植物粒子和纤维适合具有低环境影响的建筑材料之应用。

第一个目标瞄准植物聚合骨料的特性，包括：形状、微结构、机械和化学特性。多孔性是这些特性的基础，如机械、热学和声学特性。植物多样性、收获方式、天气条件和运输工具都会影响有机聚合物的物理特性进而影响到有机混凝土的特性。

第二个目标涉及植物颗粒和一种或几种胶凝剂特性。当水存在时，可能显著地改变配比设置和硬化过程。这项工作将着眼于澄清这些物理化学作用，以便制订一个可广泛应用的配比。

RILEM TC 的潜在经济影响是非常重要的，包括 2 个层次：

一方面，有针对性地提高建材的性能：机械、声学和热性能；室内空气质量以及这些材料的环境质量。

另一方面，这些材料应用的扩展将促使其生产和加工渠道的发展，包括：

1）非食品的农产品复苏；

2）允许建材周期短，因为这些原料到处都有；

3）对环境的影响低（天然材料，低 CO_2 排放、可再生和容易再循环）。

2 智能材料

关于智能材料（Smart materials），实际上前面已经介绍：一种控制太阳光辐射的玻璃，亦称智能玻璃（Smart glass，EGlass，or switchable glass）是利用电致变色原理制成。装上这种变色玻璃的建筑物能十分明显地减少采暖和制冷量、照明和峰期电力所需能量。

2.1 智能材料简述

正如英国《自然》杂志的编辑 P. Ball 所说："智能材料代表了材料科学的崭新范例——建筑结构材料由功能材料所取代。智能材料完成其功能依赖于它们的固有特性。很多情况下，它们将取代机械，诸如：杠杆、齿轮和电路。甚至会有砖造住宅的如此展望：根据外界环境气温改变保温隔热特性，大大提高住宅的能量利用效率。"

比如：基于环境热来改变明暗的热力学变色玻璃（thermochromic glass）则属于无源智能材料（passive smart materials）。而实际上真正令人激赏的还得说有源智能材料（active smart materials）。一个有源系统不仅被外力左右，而且由内部信号所控制。在智能系统中，一个有源响应通常涉及一个闭环而使此系统"开启"回馈并且适应变化的外部环境而不是仅仅被动地被外力所驱使。一个典型的例子是振荡阻尼智能系统。机械运动激励一个反馈环，得以提供稳定系统的运动。由于振荡的频率和幅度变化，反馈环修正反应能予以补偿。

一般说来，智能系统可以分为传感器和执行器。传感器是检测外界环境变化的仪器并能相应发出报警。执行器是控制用仪器：开关电路、启闭管道。实际上，亦可仔细安排成二者兼职；比如，可以承担双重责任：从低等级热源（地下水或地热蓄水库）汲取热量；同时司职机械泵，将此热量递交给建筑物的采暖系统。没有任何移动部件，所以不存在机械故障的可能性；所有均低成本——梦之材料，并且能够有将此技术转换成热泵的美好前景。

2.1.1 形状记忆合金

一种有用的智能材料——"形状记忆合金"（Shape Memory Alloy，SMAs），亦称"固态相变"（solid-state phase transformations），在变形过后能够完全恢复到原来的形状。这一功能实质上是形状记忆合金（SMAs）材料的晶体结构因受热而改变。SMAs 的一个已经开发的应用就是用此类合金替代双金属片的恒温箱。在建筑上，形状记忆合金可以用于通风百叶窗或者通风/加热散热器调控。

据报道，形状记忆合金可以用作建筑物抗震框架连接元件。研究表明：受地震影响的建筑物结构的行为需要无源能量隔离和释放器件。就目前的技术而言，能够利用形状记忆合金构成无源 SMA 阻尼器和再定中心装置。形状记忆合金材料具备消散巨大能量而且历经重复循环无明显退化或永久变形的能力。

美国斯坦福大学和伊利诺伊大学领导的研究组成功研制了这样一个设施，得以历经 7 级地震保住一座建筑物，甚至当地震停止后将建筑物和设施一起拉回原来位置和状态。这一过程的关键在于：包络地震震荡，将损失限制到建筑物框架内的几个自由可替代的区域。

当地震来袭，新系统将地震震动能量限制在建筑物核心结构以及外部钢铁构架上；于是这些固定在基础上的构架上下晃动。由绞合钢索制成的钢筋束沿框架结构每一长度方向起作用，确保框架不会移动而使建筑物承受剪切力。当地震停止，这些拉伸的钢筋束将建筑物构架拉回基础上的"靴位"（"shoes"），使建筑物垂直，直立位置如初。图 2-1 所示为这一"形状记忆合金"用于建筑物抗震框架连接元件安排的大体轮廓。

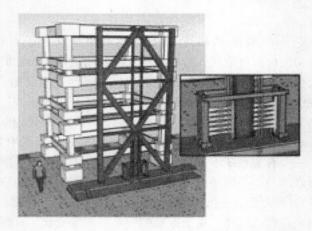

图 2-1　"形状记忆合金"用于建筑物抗震框架连接元件
（来源：POPSCI）

本质上，无源形状记忆合金的一个效应是在热或者应力的激励下体现出在奥氏体和马氏体之间可逆迟滞相移（revisable hysteretic phase transformation）的伪弹性（pscudo-elasticity）。形状记忆合金的这一特性可用于执行器，无源地耗散和缓解建筑物结构受到的冲击。

形状记忆合金材料，比如镍钛合金，还可以有源或半有源工作。

形状记忆合金材料的这种应用对于保护生命、降低大地震灾害的经济和社会成本很有意义。

原则上，形状记忆合金可以应用到热能变成机械作用的任何领域。

2.1.2　自修复材料

除了形状记忆合金材料，回馈系统还包括，当有什么问题时可以自修复的材料和结构。如果有一个裂纹，一滴树脂泡经化学反应生成的新材料可填满缝隙。已有实验证实在混凝土中也有类似的自修复过程，如图 2-2 所示。

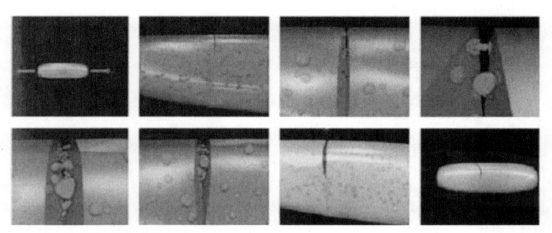

图 2-2　自修复聚合物材料的自修复过程

（来源：Ed Van HINTE）

2.2　智能液体

当引入强电场或者磁场，某些液体可以接近固态。

2.2.1　电致流变液体

流变学（rheology）是研究液体黏度和流量的学科。当引入强电场，某些液体可以接近固态被称作"电致流变液体"（electrorheological fluids）。将电致流变液体引入传感器可以检测突发运动，制成智能仪器。

电致流变液体传感器有潜能替代某些机械设施，比如车辆的离合器、弹簧和消除震动的缓冲器。

2.2.1.1　电致效应

表观黏度的变化取决于所施加的电场强度，即电极板间电位差除以距离。

这里，并不是简单的黏度变化，所谓"电致效应"（electrorheological Effect）可以描述为和电场相关的剪切应力屈伏点。当电致流变液体（ER fluid）被激活，其行为恰如黏弹性材料一种类型——宾厄姆塑料（Bingham plastic）。在达到剪切应力屈伏点，剪切应力的增加正比于剪切率。

2.2.1.2　电致流变液体的成分

电致流变液体是智能流体的一种。一个简单的 ER 流体可以将玉米粉混合进轻植物油或（更好）硅油制成。

2.2.1.3　电致流变液体的优点

引入电致流变液体相关设备的最大优点在于被控制的机械功率比起用于控制的电功率大，即电致流变液相关设备成为一个功率放大器。

其另外的优点是反应速度快。

2.2.1.4　电致流变液体的问题

使用电致流变液体的主要问题是电致流变液体悬浮物。要解决这个问题可匹配固体和液体成分的密度；或者利用纳米粒子。

另一个问题是：空气的击穿电场近似 3kV/m，与电致流变液体相关设备的工作场强接近。

2.2.2　磁致流变液体

最为深度开发的智能液体可算液体的黏度在加磁场后增加的磁致流变液体（magneto-rheological or MR fluids）。

小磁偶极子悬浮在一个非磁流体中，外加磁场会导致这些小磁体取向排列而增加黏度。图 2-3 所示为磁致流变液体作为智能液体的工作原理。实际上，在 2.2.1 节描述的电致流变液体亦有类似运行机制。

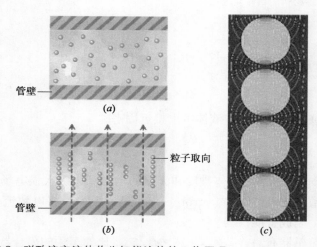

图 2-3　磁致流变液体作为智能液体的工作原理

（a）当没有加磁场时，悬浮的粒子（小磁偶极子）分布是随机的，液体流动容易；

（b）当磁致流变液体加上磁场后，悬浮的粒子取向排列而更黏稠不易流动；

（c）所加磁场模型（白色线），非线性磁通（彩色轮廓线）

（来源：（a），（b）——The Economist；（c）——John Ginder 和 Craig Davis）

磁致流变液体正被用于凯迪拉克塞维利亚 STS 汽车的悬挂装置和最近的第二代奥迪 TT 的悬架。根据路面状况，减震液的黏度可进行调整。当然，这比传统系统更昂贵，但它提供了更好（更快）的控制性。

类似的系统正在探索减少洗衣机、空调压缩机、火箭和卫星的振动；甚至作建筑物地震减震器被安装在东京日本新兴科学和创新国家博物馆（Japan's National Museum of Emerging Science and Innovation in Tokyo），见图 2-4 所示。磁致流变液体设施被集成入建筑结构，设计为巨大的减震器。在发生地震时，吸收能量、保护建筑物免遭损害。

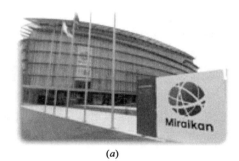

(a)

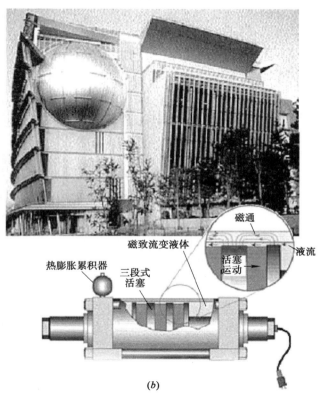

磁通

磁致流变液体

液流

活塞运动

热膨胀累积器

三段式活塞

(b)

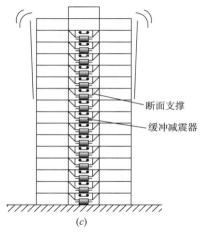

断面支撑

缓冲减震器

(c)

图 2-4 磁致流变液体设施被集成入东京日本新兴科学和创新国家博物馆

(a) 东京日本新兴科学和创新国家博物馆外景;(b) 磁致流变液体缓冲减震器设施置入建筑物结构;(c) 缓冲减震器设施置入建筑物结构断面

(来源:Lord Corporation)

　　脱离混凝土筏基的建筑物被一系列磁致流变液体减震器矩阵所支撑。当地震来袭，磁致流变液体立即从固态变成液体并且吸收地壳的运动能量。日本东京和大阪多座大型建筑物安装了这种减震器，以抵抗地质运动的危害。

　　结构振动控制是一种新型的抗震技术，其中半有源控制是介于无源控制与有源控制之间的一种控制技术，其仅需少量外加能源，便可产生接近有源控制的效果。由智能材料磁致流变体制成的阻尼器不仅具有结构简单、体积小、反应快、能耗小和阻尼力连续顺逆可调等优点，而且还易于和计算机相结合调整和控制，以有效地减小建筑结构的风振和地震反应。

　　大型磁致流变液体减震器也正在投入桥梁建设，如在中国湖南省的洞庭湖大桥，便使用了这一技术，使桥在强风中稳定。

2.3　建筑智能材料展望

　　智能材料的特性正朝着新领域发展：能够学习，变得更聪明。智能材料具有内置智库，以使对于反馈信息的响应最佳化。

　　在将来，我们会看到由光纤"神经"矩阵组成的智能建筑结构，表明任何给定瞬间的"感觉"并且给出即将发生的灾难的即刻信息。

　　如果说：到 20 世纪末我们的时代是以将更复杂的电子模块跻身于更小的空间的高科技为特征的话；鉴于材料科学的发展——材料替代机器，事物将变得更简单化。我们将更适应（adaptive），而非武断（assertive）。

　　毫无疑问，这是我们共同的环境责任。

3 建筑光照变革

20 世纪末，人们见证了光功率领域的变革。这不仅已经完成了通信的革命，还预示着在光照领域的巨变。无论是通信还是照明都导致大量能量的节省。

持续 20 年的通信基础设施的微电子变革仰仗半导体的能力，比如控制电流的硅半导体。这一控制取决于一个称为"能带隙"（band gap）的特性：哪些电子被阻隔或可以穿过半导体。

3.1 发光二极管

3.1.1 发光二极管的原理

科学家在纳米级别研制了具有光能带隙（photonic band gap）的材料，即一段波长的光不能通过此材料。这材料被称为"光半导体"（semiconductors of light）材料。

传统形式的发光，光辐射仅是产生热的一个较高效的副产品。白炽光灯泡运行温度大约 2000℃。显而易见，很多能量被浪费了。

作为传统形式发光的一个替代，发光二极管主要基于量子力学理论——原子中的电子从高能级向低能级的跃迁释放能量。在恰当范围的两个能级间的能量差，正是一瞬之光——光子（photon）的表征。这样一来，能隙大小确定了光辐射的波长和颜色；而能隙大小取决于涉及的原子。

隐藏在发光二极管（Light Emitting Diode，LED）后面的原理是固体中发生的量子跃迁。在相应的材料中，一些电子能自由运动，其余的被限制在原子之中。这两种不同状态电子的能量状态差被称为能带隙（band gap）。通入少许电流到一只半导体二极管，将一些电子提升到高能态。当电子穿过能带隙，则产生由此能隙大小确定其波长的光子。在可见光光谱范围内产生光子相应的半导体可以制成发光二极管（LED）。

3.1.2 白光发光二极管

直至目前为止，人们尚未能制造出一只发纯色白光的发光二极管。要达到近似白光的效果，可使分别辐射红、绿和蓝色的发光二极管组合至色相混合而呈一种热白光。一个判别色相混合而成热白光质量的标准是与太阳光比较。目前唯一国际公认的测度就是显色性指数（Color Rendering Index，CRI）——以 100% 表示与太阳光最大相似度。图 3-1 所示为 3 个 LED 组合色相混合而呈一种热白光光谱图，在 455nm、547nm 和 623nm 处呈现尖峰。此谱图与白炽灯光谱很相似：白炽灯光的显色性指数（CRI）是 95，而 LED 色相混合而成热白光的 CRI 可达 85。

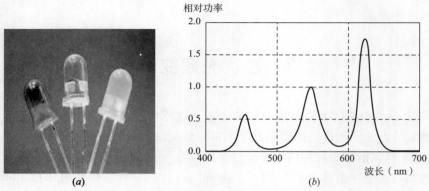

图 3-1　由 3 个 LED 组合色相混合而呈一种热白光光谱图

（*a*）三色 LED；（*b*）热白光谱，在 455nm、547nm 和 623nm 处具有尖峰

（来源：Yoshi Ohno）

　　然而，从光度的功率效率分析，白炽光灯泡仅 10～20lm/W；而红、绿和蓝三色发光二极管组合至色相混合所呈热白光可达 100lm/W。显然，发光二极管组合至色相混合热白光照明灯能耗仅为白炽灯的 1/10～1/5。

　　再者，LED 半导体照明灯的使用寿命可达 50000h，远远超过白炽灯和荧光灯的 1000～3000h。

　　美国波士顿光子研究中心报道了在 LED 技术上的新进展，这种光源称为光子再循环半导体（photon-recycling semiconductor）LED，产生蓝色和橙色的两个波长，混合的感觉是白光。该光源的效能值比现有市场上的 LEDs 高出 10 倍以上，但从实验室到商业化的道路将非常漫长。图 3-2 简单描绘了光子再循环半导体 LED 结构和工作原理。

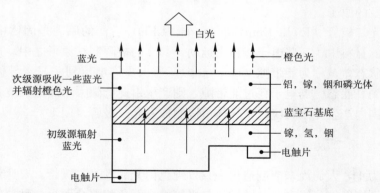

图 3-2　光子再循环半导体白光 LED

（来源：P. F. Smith）

3.1.3　发光二极管在建筑中的应用展望

　　随着高亮度发光二极管技术的突破，高亮度可见光 LED 已应用在生活中的各个领域，如：显示、交通号志、汽车电子、背板光源、建筑照明、建筑装饰等。

LED 的应用具有高效、环保、节能和经济可持续发展的重大意义。预计在 2010～2020 年内，LED 照明将逐步取代现有白炽灯和荧光灯进入普通照明领域，从而引发照明工业的新飞跃，给社会带来巨大的节能环保效应。

尽管目前 LED 还达不到普通照明的要求，但由于其光色丰富、寿命长和驱动电压低（6～24V）等优点，特别适用于公共场所，将逐步取代霓虹灯作为建筑装饰用。由于 LED 没有玻璃外壳，易于集成进入建筑物墙壁、屋顶和地板，不仅色彩丰富、而且灵活多变，在建筑轮廓装饰方面优势明显。

尽管 LED 具有众多优势，目前价格高仍是 LED 发展的瓶口，除了技术瓶颈，其高昂的价格使它难以被众多建筑行业的消费者所接受。随着 LED 研发机构和产业界共同努力，其在建筑领域的应用将会越来越广泛；进而在抵挡全球气候变暖努力的众多领导技术之中，成为一个重要方面。

3.2 纤维光度学

3.2.1 纤维光学简述

光纤（光导纤维）是一种灵活、透明、由非常纯净的玻璃（二氧化硅）制成的纤维，比人的头发粗不了多少，作为波导或"光管"在其两端间传输光，如图 3-3（a）所示。光纤在相关应用科学和工程领域的设计和应用被称为光纤光学，如图 3-3（b）所示。

光纤被广泛应用于光纤通信。比起其他形式的通信传输，它允许在更长的距离和更高的带宽（速率）。它代替金属导线，信号损失少，不受电磁干扰。

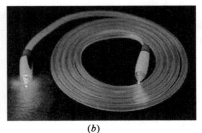

(a)　　　　　　　　　　　(b)

图 3-3　光纤及用于光纤通信

光导纤维可以用于照明，也可以被用来传输图像。特别设计的纤维，能用于传感器和激光器等。

3.2.2 光纤通信

典型的光纤由透明的芯和具有低折射率的透明包层组成。也就是说，光纤是一个不导电的圆柱形介质波导，沿其轴线，光在光纤内全内反射传输，如图 3-4 所示。光在光纤的传输是利用光经由高折射率的介质，以高于临界角的角度进入低折射率介质会产生全反射的原理，让光在这个介质里能够维持光波形的特性来进行传输。其中高折射率的核芯部分是光传输的主要通道。而低折射率的外壳，则包覆住整个核芯，由于核芯的折射率比外壳高出很多，所以会产生全反射，因此可以在核芯里来传输。最外层的保护层主要是为了保护外壳与核芯不易损坏，同时也可以增加光纤的强度。

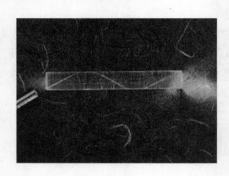

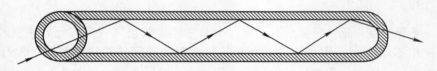

图 3-4　光在光纤内全内反射传输

光纤内光的全内反射传输确保了光只能从光纤另一端逸出。无论是 LED 或者激光均将电子数据转换成波长为 1200～1600nm 的光信号沿光纤传送，几十英里远也不需加强信号。

图 3-5　光缆

光纤可以制成光缆（图 3-5）用于长距离通信和互联网。其中每一通道可达 100Gbit/s 的速率，而且每一条光纤可以同时携带几十甚至上百个独立的工作于不同光频率的通道（Wavelength-Division Multiplexing，WDM），传至 7000km 之遥。

3.2.3　光纤传感器

光纤在远程传感领域用途不少。其中，有时光纤本身即作为传感器；另外，光纤用于连接"非光纤-传感器"到测量系统。这是因为：光纤体积小、不须电功率、或用不同波长的光可以沿一条光纤联结多个传感器（multiplexed）或沿一条光纤借助时分割实现每个传感器检测，进行应力、温度、压力和其他物理量的远程测量。

通常利用的光纤传感器包括先进的干扰检测安全系统。光沿置于防干扰篱笆、管道或通信电缆上的光纤传感器监测和分析干扰。这个信号经数字化返回，如果发生了干扰，检测干扰和跳闸报警。

3.2.4 光纤的其他应用

3.2.4.1 光纤照明简述

作为光导（light guides），光纤还广泛地用于：医学、牙科、汽车等的照明。光纤照明——透过光纤导体的传输可以将光源传导到任意区域。照明领域里所使用的光纤，大多都是塑料光纤。与石英光纤相比，往往只有 1/10 的制作成本。

单股光纤束光波导（Single Strand Bundle Fiber Optic Light Guides）往往用于难以抵达区域的照明，见图 3-6 所示。

图 3-6　单股光纤束光波导

（来源：TITAN）

3.2.4.2 光纤照明的特点

光纤照明的特点在于：

1）单一的光源可以同时供有多个发光特性相同的发光点，利于较广区域的配置；

2）光源易于更换和维修；

3）光纤传导只包含某段光谱，无紫外线与红外线光，可减少对于某些物品的伤害；

4）免于电磁干扰；

5）光电分离，节能且安全，更适合石油、化工、天然气、水池、游泳池等的空间；

6）光线可柔性非直线传播，便于特殊设计；

7）可靠并易于安置、变色和装饰。

3.2.4.3 光纤照明的应用

1）室内照明：光纤应用在室内的照明是最普及的，目前常见的应用有顶棚的星空效果，如图 3-7 所示，利用光纤柔性照明的效果，易营造出光的帷幕，或其他特殊的场景。

图 3-7　光纤照明应用在室内顶棚的星空效果

（来源：Unlimited Light）

2）时尚灯具：图 3-8 给出了两个例子；

3）装饰照明：建筑、水景、园林、溶洞和古迹均可利用；

4）易燃易爆场所的照明；

5）太阳光的利用：光纤可直接利用太阳光来改善居室照明，对于阴暗的地下室、隧道和地下车库，采用光纤照明可让永远见不到阳光的地方重逢光明。

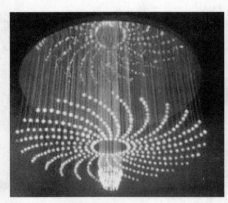

图 3-8　光纤灯具

（来源：SWAROVSKI）

4 可再生能源在建筑中的应用集成

前面 3 章分别从建筑材料、建筑智能材料和建筑照明 3 个方面讨论了建筑节能低碳的措施及其最新进展。从本章起，集中介绍可再生能源在建筑中的应用集成。可再生能源在建筑中的应用集成实质上就是结合可再生能源的特点；充分、合理地融入建筑的能源供应使与自然环境和谐相处；建立通往全球气候验证建筑（Climate-Proof Housing）的可行之路。

4.1 可再生能源在建筑中应用集成的概述

如前所述，可再生能源的特点是：能量密度低（如利用太阳能和生物能）、往往与地域（如利用潮汐、地热资源、风力和太阳热电等）以及季节和时间（如利用太阳能、水力和风力等）密切相关。可再生能源在建筑中应用集成必须考虑这些因素。

和燃烧化石能源排放温室气体污染环境不同，利用可再生能源对于减少温室气体排放，缓和地球气候变暖意义重大。但是，从另外的视角，也应当关注应用可再生能源对于环境和人类健康可能的影响。这在本丛书前四册均有讨论。

目前应用可再生能源已经实现的气候验证建筑首推无源房屋（PassivHaus）。在本丛书第一册《无源房屋——能量效益最佳建筑》已有专门介绍。此外，独立式（Autonimous）、零排放（Zero Carbon）、零能耗（Zero energy）等建筑已经有很多实际可再生能源应用的案例。

本章在介绍已实现气候验证建筑的同时，讨论将来的气候验证建筑。然后探讨建筑物集成太阳能光-伏发电、太阳能热、小型风力、燃料电池、微水力和生物燃料在建筑物的集成。

本章接着给出可再生能源在建筑物中集成的综合安排图示。

作为可再生能源在建筑中应用集成的重点方面分别在如下几章讨论：

第 5 章　热电联产和可再生能源；

第 6 章　可持续发展的建筑和社区；

第 7 章　区域供热制冷；

第 8 章　零能耗建筑探索；

第 9 章　可持续建筑电力系统的集成控制。

最后一章，第 10 章对建筑能量消耗与降低温室气体排放的前景展望，以结束本册丛书的讨论。

4.2 通往全球气候验证建筑之路

4.2.1 已实现的气候验证建筑

4.2.1.1 无源房屋

目前应用可再生能源已经实现的气候验证建筑首推无源房屋。在本丛书第一册《无源房屋——能量效益最佳建筑》已有专门介绍。

1990年在德国达姆施塔特（Darmstadt）市设计并建成了第一座无源房屋，见图4-1所示。

图4-2简单勾画了无源房屋的主要特征。

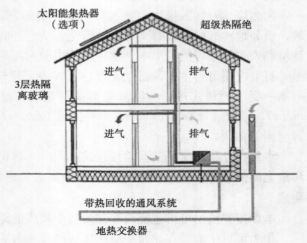

图4-1 在达姆施塔特市Kranichstein区
所建的第一幢无源房屋的南立面
（来源：德国黑森州环境部）

图4-2 无源房屋的主要特征
（来源：Wikipedia）

关于无源房屋详情请参阅本丛书第一册《无源房屋——能量效益最佳建筑》，此处不再赘述。

4.2.1.2 独立式建筑

所谓独立式（Autonimous）建筑是在德国无源房屋出现之后的1993年，由英国诺丁汉（Nottingham）大学建筑学院在Southwell Minster附近建的一幢住宅。这座建筑不仅达到纯零碳排放，而且实现了不需电力供应与外界的连接，除了电话线以外，只用于提供由太阳光伏模板产生的多余电力至公共电网。

此独立式（Autonimous）建筑的设计师是 Robert Vale 和 Brenda Vale。

图 4-3 所示为独立式建筑的屋顶、墙和地板的断面。特点是具有高隔热层、高热质量的重型结构。

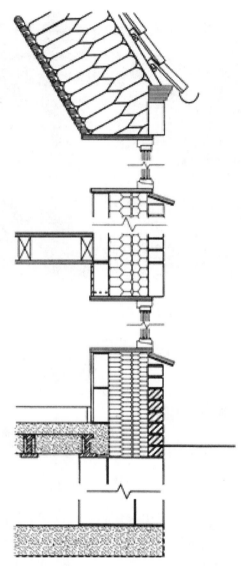

图 4-3　独立式建筑屋顶、墙和地板的断面

（来源：Peter F. Smit）

4.2.1.3　无源太阳能房屋

除了设计独立式建筑，Robert Vale 和 Brenda Vale 还在豪其顿（Hockerton）建造了英国第一座自给自足生态房屋——无源太阳能房屋（passive solar house）。豪其顿建房项目（Hockerton Housing Project，HHP）的外景、内观、可再生能源和整体规划设计简单描绘如图 4-4 所示。

49

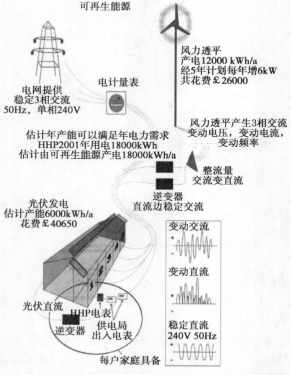

图 4-4　HHP 外景、内观、可再生能源和整体规划设计

（来源：Hockerton Housing Project）

HHP 项目经 3 年设计和 18 个月施工于 1998 年建成。它不仅是英国第一座零能耗建筑；而且能量入出平衡自给自足成为欧洲生命周期能量耗费最低、能量效益最高的住宅区。其主要特征为：

1）最大化地采用有益健康的、有机的和可以再循环的建材，以期扩大范围自给自足；

2）房子有土地包裹，不需空间采暖，冬季由无源太阳能供热；

3）2 台风力透平机（225kW）和光-伏发电提供全部能量（3400kWh/a）；

4）给水排水自维持；

5）5 座单层住宅每一座均有阳台，后部（北）埋于地下渐入台地加大热质量；

6）每一住宅 3.2m 宽标准跨度使建造容易，共 19m 朝南立面，安置 3m 高的法国式落地窗；

7）不过多依赖自然采光的设施用房间和浴室等置于后部；

8）西南方占地面积 10hm² 原农用坡地，可持续发展并自给自足经营：种植、饲养。此外，还可以借助沟床（reed bed）系统处理污水。

4.2.1.4　德国弗赖堡太阳房

1992 年德国 Fraunhofer 太阳能研究所在弗赖堡（Freiburg）的 Breisgau 建造了第一座太阳房。图 4-5 所示为这一太阳房外观。

图 4-5　在德国弗赖堡（Freiburg）的 Breisgau 建造的第一座太阳房
（来源：Fraunhofer Institute for Solar Energy Research）

作为测试能量自给自足的可行性，这里介绍的太阳房是一试验项目。在此之前，曾有在南面、西面和东面装有 Trombe 墙（详见在本丛书第二册《建筑无源制冷和低能耗制冷》第 10.6.1 节）。

此处，300mm 钙硅酸盐块置于丙烯酸玻璃蜂窝状组合透明隔热材料（Transparent Insulation Material，TIM）之后；在二者之间集成有遮挡物。当遮挡物闭合或打开时，U 值分别为 0.5W/(m²·K) 或 0.4W/(m²·K)。在没有透明隔热体的北面由 300mm 钙硅酸盐块和 240mm 由木板外防护的 cellulose 纤维组成。

U 值为 $0.6W/(m^2 \cdot K)$ 的 3 层隔热玻璃窗当时可谓先进。

屋顶由光伏发电提供全部能量；太阳能集热器供热水制备。这里光伏电池的独特之点是将输出接到一个电解装置产氢提供燃料电池持续供电。试验结果的唯一缺点是燃料电池的容量在特别冷的天气显得不足够。

4.2.2　业已实现的绿色居住社区

太阳房的实验成功及其推广应用使弗赖堡市对成为开发太阳能高效利用及可再生能源在建筑业可持续发展的未来充满信心。2008 年，Observer 杂志描述弗赖堡市是世界上最为绿色的城市。弗赖堡市已经有相当多的建筑达到 $15kWh/(m^2 \cdot a)$ 的无源房屋超低能耗标准。图 4-6 展现了弗赖堡市绿色居民区场景。

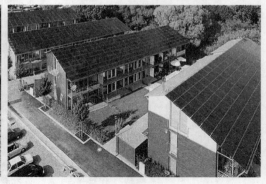

图 4-6　弗赖堡市绿色居民区场景
（来源：L. Alter）

弗赖堡市绿色居民区项目基于朝向太阳光。项目能源供应的绝大部分来自太阳能。有两种利用太阳能形式：

1）光伏发电；没有当地电能存储器，发电直接联网，用电从网上随时供应；

2）热能从集中太阳能集热器阵列（Sonnenschiff）提供局地热水网路，热水供应居民区热水和空间采暖。

除此之外，一些社区还设有小型热电联产（CHP）厂。其燃料 80％ 源于附近黑森林地区木加工废料，20％ 为天然气。

再者，经地源热泵冬天供热，夏天制冷。

图 4-7 所示为太阳能绿色居民房屋设计传统的基本考量。

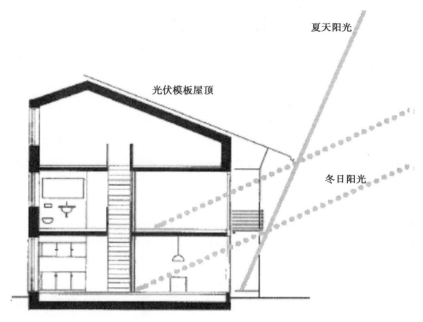

图 4-7　太阳能绿色居民房屋设计传统的基本考量

(来源：Disch)

4.2.3　将来的气候验证建筑

4.2.3.1　全球气候变化影响的 4 个场景

按照英国建筑工业部的报告：没有政府的支持，2016 年要达到零碳排放的标准显然是不可能的。

首先，要分清"碳中性"（Carbon neutral）和"零碳排放"（zero carbon）的概念。"碳中性"可以通过投入来补偿碳排放，比如：在发展中国家，通过实施可再生能源项目或者确实的植树造林补偿碳排放。而"零碳排放"意味着：每年平均没有纯 CO_2 排放的建筑物和措施。对于建筑物而言，碳排放是可以通过将可再生能源集成入建筑物内或者当地现场来得到补偿。

然而，零碳排放仍不足够。依照英国气象局（Meteorological Office，Met Office）气候变化研究室主任 Vicky Pope 的论述：现在有相当确凿的证据预期至 2100 年全球气候变化的影响。Pope 是按照如下 4 个场景（Scenarios）进行分析的：

场景 1：

1）到 2010 年，全球 CO_2 排放量开始降低；

2）CO_2 排放量以每年 3％的速度降低；

3）到 2050 年，CO_2 排放降低达到 47％；

4）至 2100 年，全球平均温度比 1990 年水平高 2.1～2.8℃。

即便达到这一门槛，2100 年全球气候变化的影响仍旧包括：20％～30％地球物种有灭绝的危险；风暴和洪水的袭击会增加；全球平均温度提高 2℃以上使植物和土壤丧失吸

收 CO_2 的能力；变热的海水将更少吸收 CO_2。

场景 2：

1）较早但缓慢的全球 CO_2 排放量降低；

2）CO_2 排放降低始于 2010 年；

3）CO_2 排放每年依 1％的速度降低；

4）2050 年达到 1990 年排放水平；

5）至 2100 年，全球平均温度比 1990 年水平高 2.9～3.8℃。

即便达到这一门槛，2100 年全球气候变化的影响仍旧包括：沿岸湿地减少 30％；由于冰层融化导致海平面上升几米；造成危害生命的热浪、洪水和干旱频发；由于冻土层和海洋氢氧化物释放甲烷，全球平均温度有可能提高 4℃以上。

场景 3：

1）耽搁且缓慢的全球 CO_2 排放量降低；

2）始于 2030 年每年依 1％CO_2 排放降低；

3）2050 年比 1990 年排放水平高出 76％；

4）至 2100 年，全球平均温度比 1990 年水平高 4～5.2℃。

2100 年全球气候变化的影响仍旧包括：全球 1500 万人遭洪水威胁，300 万人被水淹没家园；全球暖化将影响世界范围特别是低纬度地区食品生产。

场景 4：

1）整个 21 世纪全球 CO_2 排放量保持现在状况不作为；

2）2050 年比 1990 年排放水平高出 132％；

3）至 2100 年，全球平均温度比 1990 年水平高 5.5～7.1℃。

2100 年全球气候变化的影响可能发生未知的极端情形，至少包括：主要物种灭绝；海岸吞噬严重；低洼地区洪水；北极冻土层减少 10％～20％。

以国际社会现今应对气候变化营造环境的进展，进入场景 3 或者场景 4 的可能性很大。即便这是太悲观的论调，还须考虑能源的短缺，提高能量利用效率已是必然。

4.2.3.2 对设计将来气候验证建筑的要求

如今，发达国家建筑标准的某些方面已经开始基于全球气候变化的影响。特别是如今气候变化向恶劣方向的进度比预期的要快。有人预估：87％现今的建筑会保留到 2050 年。因之，现在就制定考虑前述最坏全球气候变化的影响成为现实时，使建筑标准历经几十年仍有效很有必要。

即便在化石燃料耗尽之前人类能有效地控制 CO_2 排放，下列后果亦不能幸免，而且将日益频发：

1）飓风和龙卷风的极端风暴；

2）温度的极端冷和极端热；

3）一系列造成洪水泛滥成灾的降水；

4）交替出现的极度干旱；

5）特别在冲积平原洪水泛滥引发巨流；

6）海平面上升，现已达到 3mm/a。

图 4-8 给出了接近能够抵抑最坏全球气候变化影响所建议的建筑物结构设计。

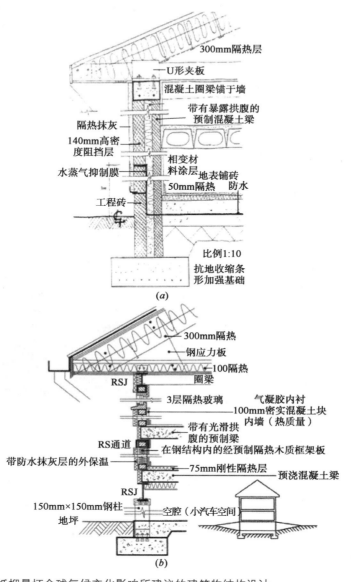

图 4-8　能够抵抑最坏全球气候变化影响所建议的建筑物结构设计

（a）接近可以抵抑最坏全球气候变化影响所建议的建筑物结构详细设计；（b）带有开放底层的钢质框架结构

（来源：Peter F. Smit）

4.3　建筑物集成太阳能光伏发电

4.3.1　建筑物集成光伏发电的发展

光伏发电在建筑物中的集成发展迅速。按照英国节能信托（UK Energy Save Trust）的估计：英国建筑物集成可再生发电可以提供全国电力需求的 40%。

建筑物集成光伏发电（Building-integrated photovoltaics，BIPV）是由光伏材料替代建筑物围护结构包络的部分通常建筑材料，如屋顶、天窗或者前立面。光伏材料日益增多地被集成入新建建筑，成为主要的或者辅助的电力功率源。当然，现存建筑物也在进行BIPV更新改造工作。

图 4-9 所示为建筑物集成太阳能光伏屋顶瓦板的安装情景。

图 4-9　建筑物集成太阳能光伏屋顶瓦板的安装
（来源：Dow Powerhouse）

建筑物集成光伏发电（BIPV）比起更多的非集成系统的明显优点在于：初始投资会由于原本用于部分建筑材料的花费被 BIPV 模板所平移替代。这一优势使得 BIPV 成为光伏发电业增长最快的部门。

光-伏模板用于建筑物始于 20 世纪 70 年代，常用在没有供电网的偏远地区。自 20 世纪 80 年代，建筑物光-伏模板开始并网发电。90 年代，出现可供商业的集成入建筑物光伏发电（BIPV）建筑部件。

4.3.2　建筑物集成光伏发电单元的结构

图 4-10 所示为建筑集成光伏发电单元局部放大侧断面集成光伏发电单元结构。

4.3.3　建筑物集成光伏发电设计的基本考量

建筑集成光伏发电设计的几大基本考量：冬天和夏天的日照入射角度；屋檐、百叶窗孔隙等的日照控制；热质量；太阳光的吸收和散射。图 4-11 简单勾画了这些基本元素。

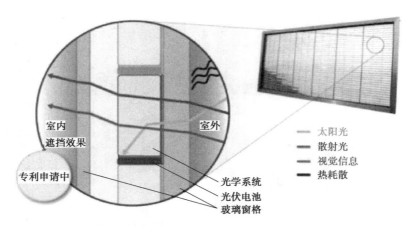

图 4-10 建筑集成光伏发电单元侧断面

(来源：Pythagoras Solar)

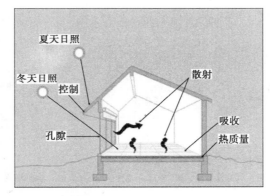

图 4-11 建筑集成光伏发电设计的几大基本元素

(来源：Solar Choice)

4.3.4 建筑物集成光伏发电的几种形式

建筑集成光伏发电模板通常有如下几种形式。

（1）平屋顶

如今采用最多的是在平屋顶的安装。一般是将薄膜光伏电池集成入一块柔性聚合物屋顶膜片。图 4-12 所示为美国 Solar Frame Works，Co. 公司在 Foxborough，MA 接近 Gillette 体育场处安装的 BIPV CoolPly 系统。此系统安装于不透明平屋顶的单片顶膜上。

（2）铺砌屋顶

1）形状类似多块瓦的 BIPV 膜板；

2）集成薄膜光伏电池的太阳能屋顶板（Solar shingles），形状和功能如同普通屋顶板；

3）太阳能屋顶板经加装保护隔热以及防紫外线辐射和水降解层，消除屋顶膜片上的露点凝结。

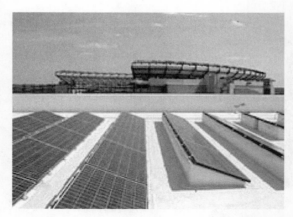

图 4-12　Solar Frame Works，Co. 公司在美国马萨
诸塞州 Foxborough 安装的 CoolPly 系统
（来源：Wikipedia）

图 4-13 所示为铺砌屋顶的应用集成。

图 4-13　铺砌屋顶的应用集成
（a）太阳能光伏屋顶石板瓦框架；（b）装于建筑屋顶的太阳能光伏屋顶石板瓦；（c）通用太阳能发电屋顶板
（来源：Solar Choice）

（3）BIPV 膜板前立面
BIPV 膜板前立面给予建筑物全新风貌，图 4-14 所示为 BIPV 膜板前立面的应用集成。

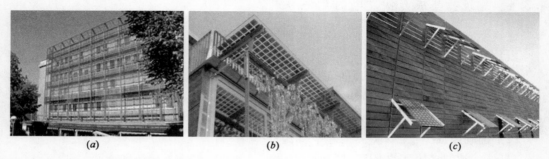

图 4-14　BIPV 膜板前立面的应用集成
（a）挪威科技大学太阳能光伏前立面；（b）装于建筑前立面的太阳能光伏遮阳棚；（c）装于建筑前立面的太阳能光伏窗
遮阳器
（来源：Solar Choice）

（4）BIPV 膜板玻璃

半透明 BIPV 膜板可以用于替代玻璃窗和天窗等建筑部件，图 4-15 所示为 BIPV 的这种集成应用。

图 4-15　BIPV 膜板玻璃集成应用

（a）半透明 BIPV 膜板玻璃窗（来源：SiamGPI）；（b）半透明 BIPV 膜板天窗（来源：SiamGPI）；（c）半透明 BIPV 膜板玻璃窗集成于一幢德国建筑物（来源：Solar Choice）；（d）半透明 BIPV 膜板天窗集成于一幢德国建筑物（来源：Solar Choice）

4.3.5　太阳能光伏喷涂

在本丛书第三册《建筑可再生能源的应用（一）》第 7 章《太阳能光伏发电》的

59

7.7.2 节《适合建筑物的最新太阳光伏电池》曾对据 2011 年 1 月报道（January 6，2011 By Cath Harris）：英国 Oxford 大学研究一种光-伏电池技术：用便宜、无毒、无腐蚀的材料生产太阳能电池。

就在本册书稿即将结束之时，又有最新有关太阳能电池报道——太阳能光伏喷涂（solar paint）。

据 Dec.26，2011（Will Shanklin）报道：美国 University of Notre Dame 的研究者发明了太阳能光伏喷涂（solar paint），可以将太阳能变成电能以供家用（图 4-16）。

solar paint 的秘诀在于能产生电力的纳米粒子——量子点。此处，采用涂敷有硫化镉或硒化镉的氧化钛。量子点悬浮于水-醇混合物进而生成一种可扩散化合物。然后，它可以向一个导电层表面扩散，不需任何设施收集能量。

目前，美中不足的是太阳能到电能的转换效率太低：仅 1%；通常太阳能电池的转换效率介于 10%～15%。研究者表示：如若能稍微提高转换效率，将是一个很好的解决之道：尽管转换效率低但便宜、适应性强。

太阳能光伏喷涂要市场化尚须时日，但极具潜能。一座房子屋顶和外墙喷涂上太阳能光伏喷涂以后可以补充传统电源，有助于减少能耗花费并直接有利于保护环境。当然，solar paint 的太阳能/电能转换效率不会高过太阳能光伏电池模板，但是，它投资少、不须安装，定会迅速发展。

研究室领头人是 Prashant Kamat，John A. Zahm Professor of Science in Chemistry and Biochemistry and an investigator in Notre Dame's Center for Nano Science and Technology（NDnano）。研究者已经为其市场命名为 Sun-Believable。

图 4-16　太阳能光伏喷涂（solar paint)
（来源：Science Daily)

另据报道（Margaret Munro，Postmedia News December 2，2011）：加拿大 University of Toronto 研究成如邮票大小的喷涂式太阳能电池。其沙特阿拉伯支持者说：喷涂式太阳能电池将改变世界（图 4-17）。

图 4-17　喷涂式太阳能光伏电池

（来源：Tim Fraser，Postmedia News）

其终端产品看似油性黑色墨水，但承载纳米点（nano-dots），每一纳米点就是一个小晶体。人们可以改变其尺寸、颜色和吸收光谱。目前最好的结果：转换效率 6％。

多伦多大学与中东国家签订愈 1000 万美元的 5 年合作协议。加拿大纳米技术研究会主席 Ted Sargent 说：还须解决太阳能光伏发电的存储问题。

Ted Sargent 还估计：现在世界太阳能光伏发电仅占全部供电需求量的不足 1％。展望 2030 年，有望达到 15％。还有 18 年的时间。

4.3.6　建筑物集成太阳能光伏发电与城区规划设计

在本丛书第三册《建筑可再生能源的应用（一）》第 7 章《太阳能光伏发电》的 7.8.4 节《应用太阳能光伏技术的城市规划考量》曾经给出如下影响因素。

1）天空可视因子；

2）表面积对体积比（形体系数）；

3）建筑物间距离及建筑物高宽比；

4）建筑物类型及位置。

作为可持续发展的集成太阳能光伏发电建筑物的典型可数英国曼彻斯特市合作保险协会（Co-operative Insurance Society，CIS）大厦。

图 4-18 所示为位于英国曼彻斯特市斥资 550 万英镑的由光伏模板（PV-Panels）包覆的 CIS 塔。该建筑自 2005 年 11 月开始并网发电，发电量 8000000kWh/a。

集成太阳能光伏发电将建筑物 CIS 大厦装修改造成垂直发电站，并使之成为了曼彻斯特市的地标建筑。

4.3.7　建筑物集成太阳能光伏发电的改进

建筑物集成光伏发电元件一部分替代建筑元件很具吸引力。但是，其最大的问题在于建筑美学。另外，相当一部分建筑物集成光伏发电元件能量效率不高而不得不采用太阳能聚集材料去改善。

美国建筑科学与生态中心（Center for Architecture Science and Ecology，CASE）研究开发了一种叫做动态太阳能前立面（Dynamic Solar Facade）如同一排棱锥形聚光器（呈蜂窝型）的窗帘，使光流集中进入建筑物发电产热以及制备热水。每一棱锥形聚光器可以将光通量放大 500 倍，然后注入一邮票大小的砷化镓光-伏电池。它还能够在白天引入更多日光以减少建筑物内日间人工照明需求。此外，光伏电池的热沉降可用于热水制备。

总而言之，动态太阳能前立面能够利用太阳能的 60%～80%。采用动态太阳能前立面实施而获得 2 年半的电力和热能花费节省就可回收设施投资成本。

动态太阳能前立面能够使建筑美学大为改观。

图 4-19 所示为 CASE 动态太阳能前立面。

图 4-18　英国曼彻斯特市由光伏模板包覆的 CIS 塔

（来源：Wikipedia）

图 4-19　CASE 动态太阳能前立面

（来源：JENNIFER KHO）

4.4 建筑物集成风力发电

4.4.1 建筑物集成风力发电的发展

在巴林世界贸易中心（Bahrain World Trade Center）横跨双子塔桥上安装的 3 台 225kW 风力发电机是世界第一座建筑物集成风力发电（building-integrated wind electricity），如图 4-20 所示。

图 4-20　巴林世界贸易中心横跨双子塔桥上安装的 3 台 225kW 风力发电机
（来源：Alex Wilson）

如今，建筑物集成风力发电的呼声越来越高。

4.4.2 建筑物集成风力发电所面临的挑战

然而，建筑物集成风力发电所面临的挑战和其可持续发展的优点并存，包括：运行特性和花费有效性的各个方面。

4.4.2.1 空气湍流

风力透平发电机最好的工作特性是发挥在很强分层的情况：所有的风向均保持一致。然而，在高楼，特别是特高层大厦的顶层：边缘和角落处风分成不同气流，形成旋涡，如图 4-21 所示。

4.4.2.2 空气噪声和振荡

风力透平的噪声和振荡是建筑物集成风力发电所面临的头痛问题。垂直轴风力透平应当是所有风力透平机中最安静的，但是管理噪声和振荡依然是巨大挑战。中国广州珍珠大厦选择 4 台垂直轴透平机，但依然安装在非用户层的"技术装备层"，以减少噪声和振荡对用户层的干扰，如图 4-22 所示。

图 4-21　特高层大厦顶层的边缘和角落处风分成不同气流形成旋涡
（来源：Reinhold Ziegler）

图 4-22　中国广州珍珠大厦 4 台垂直轴风力透平机安装在技术装备
层，风经吸风口进入透平以减少噪声和振荡对用户层的干扰
（来源：Alex Wilson）

　　美国国家可再生能源实验室（NREL）的工程师认为：必须小心施工，防止风力透平机噪声和振荡频率接近建筑物固有频率。

4.4.2.3　安全

　　建筑物安装风力透平机安全第一：风叶甩脱和伤人是最危险的。风力透平机安装在建筑物屋脊或者空旷地，发生这样事故的机会微乎其微。但是装在高层建筑上，这真是一个需要注意的问题。

4.4.2.4　难于测试

　　建筑物安装风力透平机的现场测试往往和生产商声称的相差悬殊。

　　图 4-23（a）所示侧风透平机额定功率 10kW AC，但其在运行中，功率从来没有超过 600W。若在 12m 高的楼顶可能会好些。

　　即便是美国著名小功率风力透平机品牌 AeroVironment（图 4-23（b）），其产品的实际测量也和声称的额定功率有较大差距。

（a）　　　　　　　　　　　　　（b）

图 4-23　建筑物安装的风力透平机现场测试性能往往和生产商声称的相差悬殊
（来源：Alex Wilson）

4.4.2.5　花费的有效性

　　大概经济有效性是建筑物安装风力透平机发电最大障碍。如今大面积空旷地风力透平机发电提供最便宜的可再生电力，而小功率风力透平机发电效率却远远不及。小功率风力透平机集成入建筑，成本更高、发电更少。

　　建筑物安装风力透平发电和建筑物集成光伏发电比较，经济有效性会怎样？

　　据美国 Lawrence Berkeley 国家实验室 2009 年 2 月的报道：美国著名小功率风力透平

机品牌 AeroVironment 安装运行花费：6500～9000 美元/kW；而在 2007 年安装的建筑物集成光伏发电平均为 7600 美元/kW，很接近。

按照 Strong 提供的数据：建筑物集成小型风力透平 AeroVironment 每年发电 750～1500kWh/kW 额定安装功率（取决于风力）；而固定架安装光伏年发电 1100～1200kWh/kW 额定安装功率（Boston），1400～1560kWh/kW 额定安装功率（Tucson）。

如果顾及光伏系统能产生和建筑物集成小型风力透平系统类似的输出而需要更少维护保养，显然光伏系统更好些。这就是为什么提倡风力发电 30 年的 Paul Gipe 说：如果你想将可再生能源集成入建筑物，没有任何其他可再生能源能好过光伏系统。

4.4.2.6 用风力透平机作广告

将风力透平集成入建筑物来宣传公司或组织的绿色形象可算是最令人信服的思想，当然，此风力透平机要大部分时间内运转。在 Golden，Colorado 安装了 1 台 Southwest Windpower Skystream 风力透平机广告可再生能源和风能。问题在于很难让风力透平机总是旋转，特别是早上上班时间车辆驶过之时。公众可能得出结论：风能工作得并不是很好。

4.4.3 建筑物集成风力发电的改进

上述将风力透平集成入建筑物所引发的烦恼和问题的核心是风力透平的安装落点及与建筑物造型的相关事宜。

部分问题出于城区和城市郊区存在相当多的湍流并且风力透平发电机安装地点完全不能捕捉到足够保持风向一致的风层。在高楼大厦林立的城市预估风能的质量和密度比起空旷少阻的农村地区要困难得多。

风力透平集成入建筑物的特性很大程度上取决于主导风向及主导风速的变化。图 4-24 作出了不同建筑物造型的对于主导风向及主导风速变化的作用。图 4-24 左侧所示为圆形建筑物造型对于建筑物周围风力动力学特性的影响；而图 4-24 右侧所示为直角形建筑物造型的相应作用。比较二者：显然，圆形建筑物造型对于主导风向及主导风速的变化的冲击要小得多。

设计师往往愿意采用椭圆形横断面（长轴沿所选主导风向）的建筑物造型。

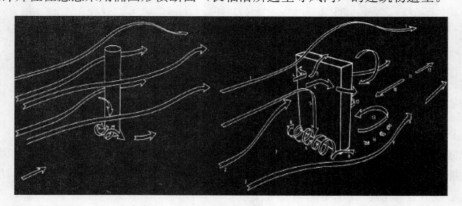

图 4-24 圆形（左）和直角形（右）建筑物对建筑物周围风力动力学特性影响的比较
（来源：Reinhold Ziegler）

对于安装风力透平发电机而言，在建筑物上安装落点的选择无疑是得到所期待的电力输出的最基本出发点。当然，这里有一个花费问题。

美国有公司用上千美元的数据采集器系统（datalogging system）这其中包括风资源的信息：平均风强、如何高度风力最大最稳，然后用至少 3 个月时间来分析究竟何种风力透平发电机更合适；应该装在哪里最划算。

风力的增加使得风电输出的增加 3 倍以上。如果某一地方测得有 12mph（miles per hour）的风，而另一个地方 15mph，显然，同一风力透平发电机在 15mph 风力的地方产电要多出许多。

另外，如果不做数据采集器系统测量，在确定安置风力透平发电机落点之前，几个方面必须予以注意：

最重要的是局地的影响，分析各种障碍物尺寸、形状、高度和距离并结合附近树木、建筑物和其他结构物对风能的影响理解多少风被阻；产生如何大小的湍流和旋涡；以及有时使风速增加。

再者，如果安装在建筑物上，要了解如何受建筑物的影响：表面、顶层边缘和顶部特征的详情，诸如：塔楼或制冷器等。举例来说，当风吹袭到某一障碍物，引发垂直方向从顶呈拱形分层。在此点之上方空气依然流畅但偏低，形成真正湍流。这一现象必须考虑，确定风力透平安装在如何高度以期从稳定风流捕捉更多能量。

图 4-25 展示了成功安装并运行在建筑物上的风力透平机。

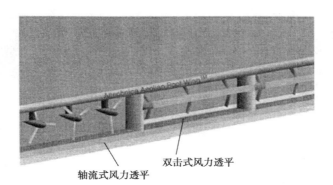

双击式风力透平

轴流式风力透平

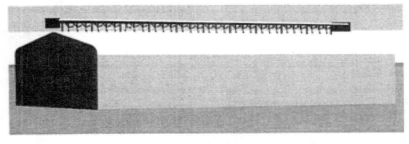

(a)

垂直轴双击
式风力透平

风成太阳空气箔
光伏电池覆盖的"翼板"

Altechnica's 专利风成塔风能系统
在每一柱角有风成二维集中器

(b)

(c)

图 4-25 安装在建筑物上风力透平机

(a) 轴流式或双击式风力透平安装在平台屋顶集风系统（来源：Altechnica）；(b) 集风塔（来源：Altechnica）；
(c) 据集风环境的建筑物上安装的风力透平（来源：Reinhold Ziegler）

4.4.4 建筑物集成风力发电举例

4.4.4.1 美国俄克拉何马医疗研究基金会大厦

美国俄克拉何马州俄克拉何马市"俄克拉何马医疗研究基金会"（Oklahoma Medical Research Foundation，OMRF）总部大厦安装风力透平机的研究、设计及决策过程，如图 4-26所示。

俄克拉何马医疗研究基金会总部大厦的建筑设计和设备供应商为：

建筑设计：Perkings＋Will Inc.

太阳能光伏技术：Synergy California L. P.

风力透平技术：HELIX-WIND Inc.

(a)

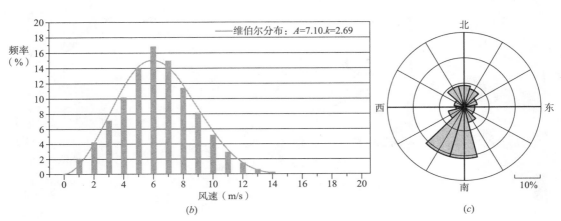

(b)　　　　　　　　　　　*(c)*

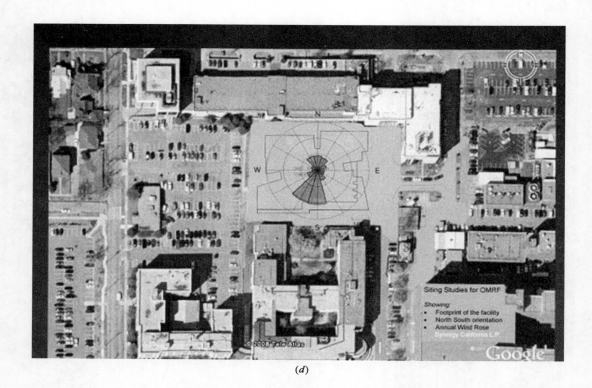

(d)

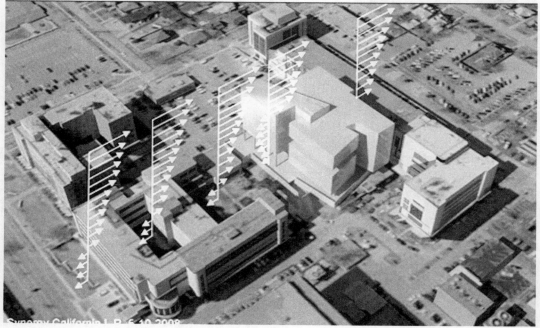

(e)

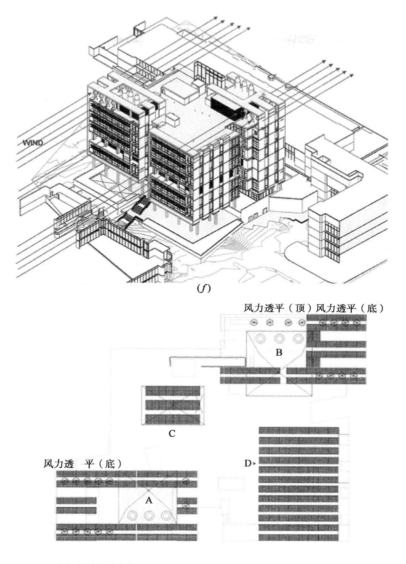

(f)

风力透平（顶）风力透平（底）

B

C

风力透平（底）

A

D

太阳和风力的产能

光伏(PV)模板：ASE-300-DGF/50 输出300W

A组：5串×8=40模板　4串×7=28模板　共68模板输出20400W

B组：5串×7=35模板　2串×8=16模板　共51模板输出15300W

C组：3串×8=24模板　共24模板输出7200W

D组：12串×8=96模板　共96模板输出28800W

建筑物顶全部光伏容量　71700W　依每日5.5h日照、每日最大产电394435Wh

风力透平：Helix　共24台产电158640Wh/d

(g)

图 4-26　美国俄克拉何马医疗研究基金会总部大厦安装风力透平机研究、设计及决策过程

(a) 建筑设计；(b) 风速频率分布；(c) 风玫瑰图（wind rose）；(d) 现场风向图鸟瞰；(e) 自南方风吹导向断面图；(f) 建筑物顶太阳能光伏和风收集器立体布局；(g) 建筑物顶部设施平面安排

(来源：Reinhold Ziegler)

4.4.4.2 美国旧金山 SFPUC 大厦

美国 San Francisco Public Utilities Commission（SFPUC）新总部大厦将成为世界上最可持续发展的建筑。

该 13 层办公室建筑具建筑面积 227500ft²。建筑物集成风力透平和太阳能光伏设施，将比类似建筑物节能 55%。

此新总部大厦将于 2012 年中入住。

图 4-27 展示美国 SFPUC 新总部大厦的设计。

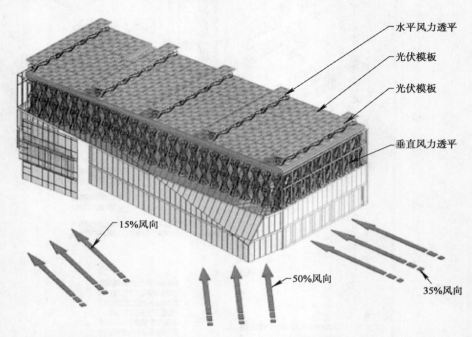

水平风力透平
光伏模板
光伏模板
垂直风力透平
15%风向
50%风向
35%风向

图 4-27 美国 SFPUC 新总部大厦设计

（来源：WCN）

4.4.4.3 风能高速公路

美国加利福尼亚运输局提出"风能高速公路"（Aero highway）的概念：装在高速公路分隔带上的风力透平机能够捕捉相反和相似方向飞驰车辆的风成能量。

图 4-28 所示为风能高速公路情景。

4.4.4.4 纽约奥林匹克体育场

美国纽约市准备在其东河边为 2012 奥林匹克运动会设计的体育场也考虑了利用风力透平，如图 4-29 所示。

图 4-28　风能高速公路
（来源：Aerotecture International Inc.）

(*a*)　　　　　　　　　　　　　　　　　　　　　(*b*)

图 4-29　利用风力透平的美国纽约市为 2012 奥林匹克运动会设计的体育场
（*a*）东河边体育场；（*b*）考虑了风力透平的奥林匹克体育场设计
（来源：Wikipedia）

4.5　建筑物太阳热能集成

可再生能源在建筑中的应用集成主要围绕人类社会应用最多的两个能量——电能和热能。前面在 4.3 节和 4.4 节分别介绍了建筑物集成光伏发电（Building-integrated photovoltaics）和建筑物集成风力发电（building-integrated wind electricity）集中推介集成可再生能源在建筑中得以发电的应用。在 4.5 节，转向建筑物集成热能（building-integrated thermal energy），解决建筑节能低碳潜力最大的领域——建筑物空间采暖、制冷和热水制备。在建筑物集成热能这一题目中，建筑物集成太阳热能（building-integrated solar thermal energy）成为重点。

4.5.1　建筑物集成太阳热能

太阳热能集成的核心元件是将太阳光的能量直接变成可用热的太阳能集热器。太阳能集热器可以依审美原则集成入建筑物围护结构或者安装于建筑物上。太阳能集热系统具有高能量容量；终端用户可以获得巨大收益和令人信服的投资回报。

鉴于在本丛书第三册《建筑可再生能源的应用（一）》已经对太阳能集热系统有翔实介绍，本章仅着重就太阳能集热器能力、热能存储、热泵集成于建筑物来再次讨论。这3点恰恰是 IEA 公布的技术路线图——能量利用高效的建筑在加热采暖和制冷的4项可靠技术及设施之中。至于剩下的1项，为建筑服务的热电联产技术，将单独在第5章介绍。

4.5.2　建筑物集成太阳能集热器能力

建筑物集成太阳能虽不算高科技，但对于节能低碳贡献最大。建筑物集成太阳能系统的最关键部件是太阳能集热器。其能量效率超过 50%，比光伏元件的 10%～15% 高了许多。关于太阳能集热器本丛书第三册《建筑可再生能源的应用（一）》第 3.2 节《太阳能集热器》有详细介绍，敬请读者参阅。

当然太阳能集热器的工作与地区相关。一般来说，1 座 $10m^2$ 太阳能集热器阵列每年可产生 4MWh 热能。图 4-30 所示为英国南部一 $3m^2$ 太阳能集热器模板平均每天产生 3.8kWh 热能在全年各个月份的分布。实验假定每天消耗量 100L 温度约 60℃ 的热水——典型 4～5 口家庭用热水情形。显然，在 3～9 月份太阳能集热器的工作基本上可以覆盖家庭用热水需求。10 月至来年 2 月份的冬日尚须用比如浸入式加热器产生热能予以补充，见图 4-30 所示深色部分。

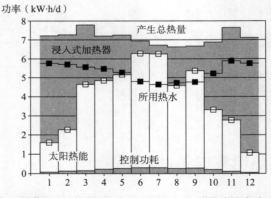

图 4-30　$3m^2$ 太阳能集热器模板平均产生 3.8kWh/d 热能在全年各个月份的分布

（来源：Mackay，2008）

4.5.3　带跨季节存储器的建筑物群中央太阳能热厂能量利用

建筑物群中央太阳能热厂跨季节存储（Central Solar Heating Plant for Seasonal Storage，CSHPSS）曾在本丛书第三册《建筑可再生能源的应用（一）》第 4.2.2 节《跨季节热存储》中详细介绍。其中最大的 1 个项目是德国 Friedrichshafen，空间采暖和热水制备总共 1915MWh/a。图 4-31 显示在 1 年中各个月份太阳能和化石能源供应的比例关系。

热能能耗（MWh/a）

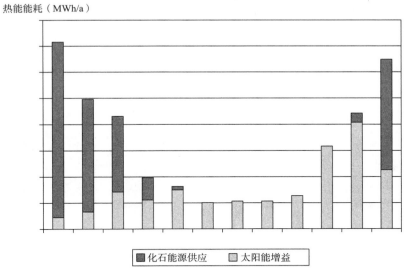

■ 化石能源供应   □ 太阳能增益

图 4-31　德国 Friedrichshafen，总共 1915MWh/a 空间采暖和热水制备
在各个月份太阳能和化石能源供应的比例
（来源：D. Bauer et al.）

从图 4-31 可以看出：对于空间采暖和热水制备，太阳能能源供应的比例可达 50%
左右。

4.5.4　热泵

热泵技术是制冷技术的扩展。

通过汲取土地、空气和水中的寄生热量提供空间冬天采暖、夏天制冷以及热水制备所
需能量的补充。特别是地热资源：6m 深地层常年保持 10～12℃；3m 深地层温度在 8～
15℃之间起伏。利用地源热泵（Ground Source Heat Pump，GSHP）对于建筑物低能耗
空间采暖和热水制备大有裨益。GSHP 的反向运行还可以提供夏天制冷。热泵的特性系
数（Coefficient of Performance）可达 1：4。

图 4-32 所示与存储器连接的利用地源热泵提供建筑物低能耗冬天空间采暖、夏天制
冷和热水制备。

4.5.5　光伏/热混合式模板

光伏/热混合式系统（Hybrid PV/thermal system）集成入建筑物可以同时提供电能
和热能。图 4-33 所示为荷兰 ECN 制造将 Shell Solar PV 电池产电和热水制备结合的混合
式模板。

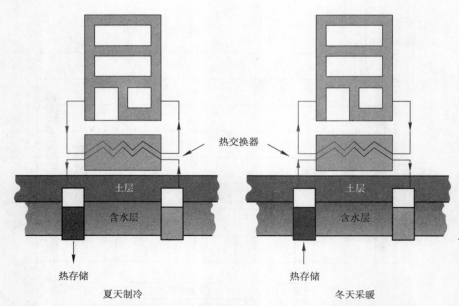

图 4-32　连接存储器的地源热泵建筑物空间冬天采暖、夏天制冷和热水制备

（来源：Wikipedia）

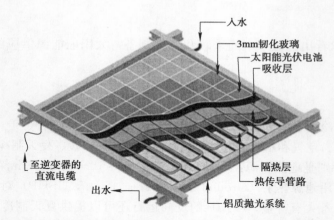

图 4-33　荷兰 ECN 用 PV 电池产电和热水制备结合的混合式模板

（来源：Studio E Architects）

光伏/热混合式系统中的光伏（PV）发电工效比单独 PV 要高。

4.5.6　国际能源局建筑物集成太阳热能项目

国际能源局（IEA）的众多样板项目利用了太阳能热技术使可再生能源展现出非常显著的作用。图 4-34 介绍了如下项目：

（a）丹麦奥胡斯（Aarhus）"生命之家概念屋"；

（b）奥地利 Hochschwab "阿尔卑斯射击者之家供给基地"；

（c）奥地利 Graz "Ennstal-新居民区"；

（d）德国环境研究站 "雪屋 UFS"；

（e）德国汉堡 Bramfeld "无源房屋"；

（f）捷克 Seč "旅馆 Jezerka"；

（g）挪威奥斯陆（Oslo）"Klosterenga 绿色建筑"；

（h）奥地利 Gleisdorf "低能耗地产 Sundays"；

（i）奥地利维也纳（Vienna）"楼顶建筑"；

（j）法国巴黎（Paris）"社会保障房"；

（k）瑞典马尔默（Malmo）"挪威屋"；

（l）奥地利 Konlach "青年中心"。

(a)

(b)

(c)

(d)

(e)

(f)

(g)

(h)

(i)

(j)

(k)

(l)

图 4-34　国际能源局利用太阳能热技术可再生能源样板项目

(a) 丹麦奥胡斯 "生命之家" 概念屋 (来源: VKR Holding); (b) 奥地利 Hochschwab "阿尔卑斯射击者之家供给基地" (来源: DI); (c) 奥地利 Graz "Ennstal-新居民区" (来源: AEE INTEC); (d) 德国环境研究站 "雪屋 UFS" (来源: Franhofer ISE); (e) 德国汉堡 Bramfeld "无源房屋" (来源: AEE INTEC); (f) 捷克 Seč "旅馆 Jezerka" (来源: Thermosolar); (g) 挪威奥斯陆 "Klosterenga 绿色建筑" (来源: GASA AS); (h) 奥地利 Gleisdorf "低能耗地产 Sundays" (来源: AEE INTEC); (i) 奥地利维也纳 "楼顶建筑" (来源: Viessmann); (j) 法国巴黎 "社会保障房" (来源: G. Kalt); (k) 瑞典马尔默 "挪威屋" (来源: B. Lorsen); (l) 奥地利 Konlach "青年中心" (来源: AEE INTEC)

4.6 建筑物集成其他可再生能源

4.6.1 建筑物集成微燃料电池

微燃料电池（micro-fuel cells）现在已经开始在建筑中应用集成。实际上，哪里需要电，哪里就能应用燃料电池技术——替代电池或作备用电池。作为建筑中应用集成，其容量范围可为1～100kW。

采用燃料电池与地区热相结合为建筑物和社区提供两个运用最多的能量——电能和热能。2003～2007年，芬兰Valtion Tekuillinen Tutkimuskeskus（VTT）即芬兰技术研究中心（VTT Technical Research Centre）参加了国际能源局（IEA）Annex 42《建筑物集成燃料电池和其他余热发电系统模拟》（The Simulation of Building-Integrated Fuel Cell and Other Cogeneration Systems）项目。其目的是模拟燃料电池和其他余热发电系统的设计、运行和分析。

图4-35所示为VTT建筑物集成燃料电池和其他余热发电系统模拟的项目实验布局。它涵盖了燃料电池、热泵、热电联产和生物燃气等诸多领域。

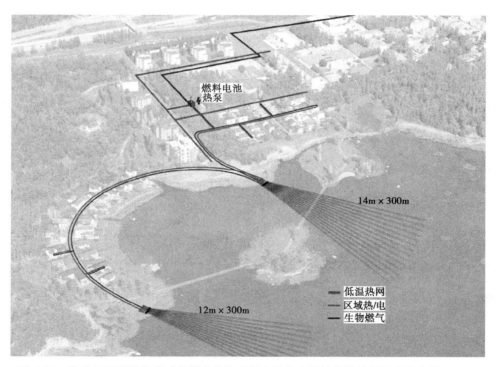

图4-35　芬兰VTT建筑物集成燃料电池和其他余热发电系统模拟的项目实验布局
（来源：VTT）

关于燃料电池，在本丛书第四册《建筑可再生能源的应用（二）》的第4章《生物质制氢和燃料电池》第4.5节有简要介绍，请读者参阅。

未来几十年,燃料电池等全新的工业技术将会在建筑集成上大有作为。虽然技术走向成熟、耐久性提升且花费更加合理,但其技术复杂程度和对研究与开发的要求仍然很高。

4.6.2 建筑物集成斯特林引擎

与微燃料电池(micro-fuel cells)类似,斯特林引擎(Stirling engine)现在已经开始在建筑中应用集成。图 4-36 所示为瑞士 SIEMENS 建筑物集成斯特林引擎和热电联产的系统模拟。

此案例是建 1 座 4 单元(每单元供 3 口之家居住)的住宅建筑。采用 1 个位于地下室的热电联产(CHP)系统为此建筑提供热水以及部分所须热能和电能。

CHP 系统由斯特林引擎和 1 台承担尖峰负荷辅助燃炉组成。输入信号 U_{SE} 标识控制由斯特林引擎产生的电和热输出;而输入信号 U_{SB} 标识控制由辅助燃炉产生的热输出;而输入信号 U_{VLV} 标识控制由进入加热循环系统的流体部分能量。

供给此建筑物的热量是通过热性能活跃建筑部件楼板来对建筑物使用空间采暖的。

除此之外,60℃的热水存储在 DHW 贮罐中供用户使用。

1 个管理单元可以调整这 3 个输入信号,在不同室外温度和电价信息的情况下,调控之间的关系以达到满足供电供热的性能最佳化同时花费合理、经济效益最好。

斯特林引擎被证实电效率 25% 及热效率 70%;辅助燃炉热效率 95%;依此 CHP 安排,系统节省燃料消耗约 24%。

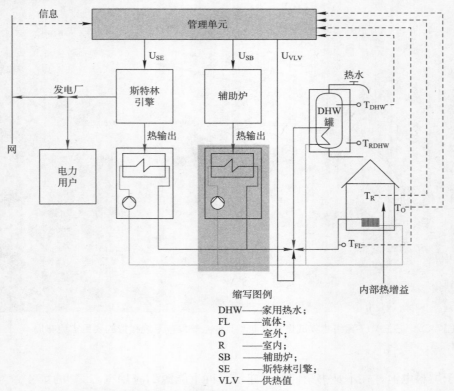

图 4-36 建筑物集成斯特林引擎和热电联产系统模拟

(来源:SIEMENS Switzerland Ltd, 2008)

4.6.3 建筑物集成微水电

微水电在可再生能源的"众神殿"中并不起眼。然而，英国的 New Mills，Derby-shire，却改变了对这门技术的看法。

New Mills，Derbyshire 采用了一个原来用于提高水位的阿基米德螺线（Archimedes Screw）水轮机驱动发电机成为 Torrs Hydro 项目的核心部件，如图 4-37（b）所示。

由德国制造的 Archimedes Screw 长 11m、宽 2.6m、重 11.3t。它被安装到 River Goyt 河上发电供附近的超级市场和居民区用。

Torrs Hydro 项目从 2008 年起运行发电，产电约 240000kWh/a，足够 70 个家庭用电。

图 4-37 所示为 River Goyt 河畔景观以及 Torrs Hydro 项目的核心部件——阿基米德螺线。

(a)

 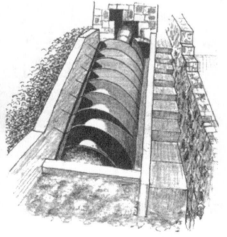

(b)

图 4-37　英国 New Mills，Derbyshire 微水电
（a）River Goyt 河畔；（b）Torrs Hydro 项目的核心部件——阿基米德螺线
（来源：Wikipedia）

很多合适的地方正考虑学习 New Mills，Derbyshire 微水电的样板。

4.6.4 建筑物集成生物能

在可再生能源当中，生物质能的应用目前主要瞄准在车辆燃料，以替代运输车辆现在用的化石燃料或者与化石燃料混合使用。另一种生物质能的应用是在热电站与化石燃料混合燃烧。

至于建筑物集成生物能，目前来说首推燃烧小木片（丸）。限于空间，这种应用有一定的局限性。但是燃烧小木片（丸）有潜能为实现零碳排放建筑物作出贡献。

在意大利特伦托，Fondazione Bruno Kessler 设计了仅用可再生能源、环境保护的一种全新可持续发展技术。这一设计组合了如下技术：

1）1 台由 Allan J. Organ 初步设计的斯特林引擎（Stirling engine）（mRT-1K）；

2）微热交换技术（micro-heat exchanger technology），以期减少热引擎热边传递机构的纯热损失；

3）可输出电能和热能的通用小木片（丸）锅炉；

4）1 个连接斯特林引擎冷边与小木片（丸）锅炉副端热发生器之间的通用液压回路。

此项研究的目的是将微电热发生器集成入居民区建筑物中作为分布式能源供应。大部分可供生物质能源可以产生热功率用作建筑物采暖和热水制备。

经测试，小木片（丸）锅炉的热效率达到 90%。

图 4-38 给出此带斯特林引擎的微热电联产燃烧小木片（丸）锅炉技术流程简图。

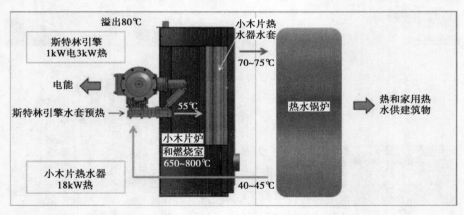

图 4-38　微热电联产燃烧小木片（丸）锅炉技术流程简图

（来源：L. Crema et al. Energy, Sustainability and Society 2011）

4.7　可再生能源在建筑物中集成的综合安排

图 4-39 所示为可再生能源在一幢住宅建筑物中集成的综合安排图示。

作为一幢住宅建筑物的典型，图 4-39 集中描绘了太阳能在建筑物中的利用集成。至于更广义范围可再生能源在建筑中的集成，必然与居住社区、其他用途建筑物和建筑物群相联系在一起。特别应提及的是：热电联产技术；区域供热制冷系统；建筑电力系统的集成控制以及降低建筑能量消耗与温室气体排放甚至关于零能耗和零碳排放建筑的探索。

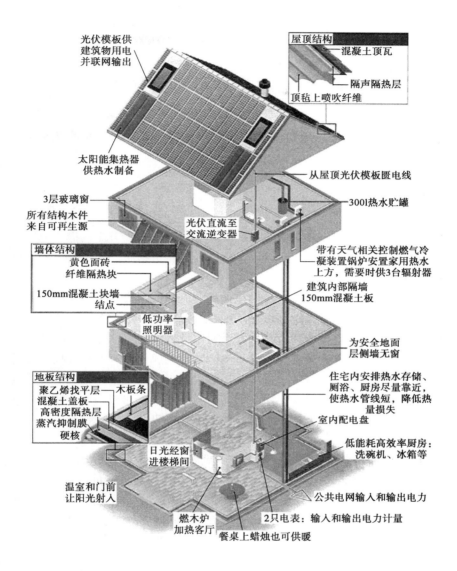

图 4-39　可再生能源在一幢住宅建筑物中集成的综合安排

（来源：T. Garrett by THE TIMES）

这些可再生能源在建筑中应用集成的重点方面将在第 5 章至第 10 章中分别予以讨论。

5 热电联产和可再生能源

国际能源局（IEA）报道：热电联产和可再生能量技术已成为世界范围内高效地实现节能低碳的可行之路。

5.1 引言

热电联产（Co-generation or Combined Heat and Power，CHP）指的是用同一种燃料同时生产电能和热能。燃料差别很大，可以包括：煤、生物质、天然气、核燃料、太阳能或者储存在地下的热。

本章着力讨论关于热电联产、可再生能量和热能的低碳措施，以期填补节省能量的缺口。将此 3 个题目作为一个整体来探讨是基于在实践中存在着三者之间的协同作用。过去的几十年中，限制温室气体排放和保证化石燃料供应安全引发世界各国政府日益增长的关注并且导致对可再生能量的政策支持。可再生能量已经成为面对能源挑战的关键一环。然而，向低碳经济的转化尚需要时间。再者，尽管今后可再生能量的应用会与日俱增，化石能源和其他替代能源仍然起到很大作用。因此，尽可能高效地利用化石能源和其他替代能源仍然至关重要。在如下 2 个方面，热电联产提供了解决办法：

1）热电联产是业经证明的能量利用高效技术；

2）热电联产能加速可再生能量技术的集成。

已经有很多实例证实这些并且能相互补充完整。一些可再生能量技术可在热电联产模式下运行，包括：生物质能、地热资源和聚光太阳能发电（Concentrating Solar Power，CSP）。

热电联产可以协助平衡从各种可再生能量来生产电力。一些过去总是基于化石能源的技术将可以用可再生能源平衡。在提高基于化石能源发电技术的效率方面，热电联产更体现了低碳的优势。

当电力供应在关于能量的辩论中仍然是关键方面时，政策制定者们已日益认识到热量供应在整个能量供应系统中的分量。如果能量供应系统要低碳，热量供应系统同样需要变革。热电联产技术以及可再生能量技术均与热量供应系统密不可分。

本章要点如下：

1）首先分别重点叙述热电联产技术以及可再生能量技术的低碳优势。

2）然后将强强联手——可再生能量技术与热电联产技术结合，瞄准节能低碳的目标，强调：

① 可再生能量用于热电联产模式的"双低碳优势"；

② 热电联产与平衡各种可再生能源发电相关联的低碳贡献的潜能。

3）解释热量供应在整个能量供应系统中的重要性——占全球总能耗的 47%。

4）建立相应方针政策，支持可再生能量技术、热电联产技术以及它们的结合。

5.2 热电联产与可再生能量——低碳热能和电能的高效供应

5.2.1 热电联产技术与可再生能量技术

作为能量利用高效的载体，热电联产技术与可再生能量技术各具有自己的低碳优势。二者强强联手，低碳优势相得益彰。

热电联产发电厂引入可再生能量技术：在可再生能量技术，燃料的可再生本质使热能供应的低碳优势显而易见。然而，尚有发电厂燃烧非可再生燃料，在产电的同时不可避免地产生过量的热。这些热量可以满足现存的热量需求；这样一来，通过高效率利用燃料，整体上降低 CO_2 排放量的目的得以实现。

5.2.2 可持续发展的蓝图

能量利用高效及可再生在可持续发展的未来是能够同时实现的。图 5-1 所示是 IEA 最近发布的 2010 能量技术展望（2010 Energy Technology Perspectives，ETP 2010）。

在图 5-1 中，依照目前 CO_2 排放的趋势描绘出一条基线。根据这一基线情景（base-line scenario），2050 年全球 CO_2 排放量将达到 57Gt。

与此相反，当我们采取恰当措施，根据相应蓝图情景（BLUE Map scenario）则是可持续发展的——2050 年全球 CO_2 排放量将降到 14Gt。

有众多关键技术可以帮助弥补基线情景和蓝图情景之间的鸿沟：从不可持续发展的能量之路走向可持续发展的低碳之路。

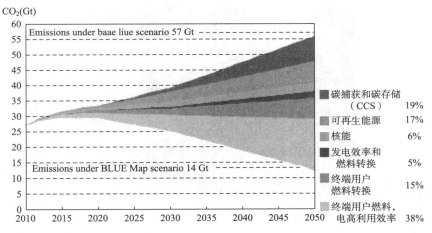

图 5-1 减少 CO_2 排放的关键技术

注：蓝图情景考虑全球能耗释放的 CO_2 到 2050 年减少到 2010 年的一半。蓝图情景的考量与全球长期气温上升幅度 2~3℃ 是一致的，但是只有当能耗释放的 CO_2 的减少与其他温室气体排放大量削减相结合才行。BLUE Map scenario 的实现还确保燃料供应安全性，减少对石油、天然气的依赖性；减少空气污染，保障人类健康。

（来源：IEA 2010）

5.2.3 减少 CO_2 排放的关键技术

作为考虑的某些关键技术之一，通过地区供热和制冷网络造就了持续增长地高效利用能量。在图 5-1 中，热电联产以下面 3 个不同蓝色基调楔形图块标识：发电效率和燃料转换；终端用户燃料转换以及终端用户燃料、电高利用效率。它们对填平基线情景和蓝图情景之间的鸿沟总共贡献了 58％。

按照 ETP 2010，热电联产（CHP）发电在 2007～2050 年间在蓝图情景内成长 3 倍；热电联产在基线情景现在 10％全球发电量份额基础上再增加 13％。

依据蓝图情景，可再生能量技术的贡献是通过蓝图情景降低全球 CO_2 排放量的 17％。单独一项技术并不能使得现有能量系统得到如此有声有色的变化。可再生能量技术与热电联产技术这 2 个低碳解决办法仅是答案之一。

5.2.4 热电联产技术的经济和环境惠益

安全、可靠和经济实惠的能量供应是经济稳定和发展的基石。不健康的能量需求和供应之间不协调将导致：能源价格波动、破坏性气候变化的威胁以及能源安全遭受侵袭的后果；成为能源和环境政策制定者们要承受的主要挑战。更加高效地利用原始能源有助于缓解这些负面趋势的影响。已经证明：热电联产是能够达到这一目标的技术。

几十年来，全球燃烧化石能源发电的平均效率始终停滞在 35％～37％。在全世界的传统发电系统中，2/3 投入的原始能量损失了，实际总体效率仅 31.5％，见图 5-2；这也同时失去了节省能量花费和降低 CO_2 释放的机会。

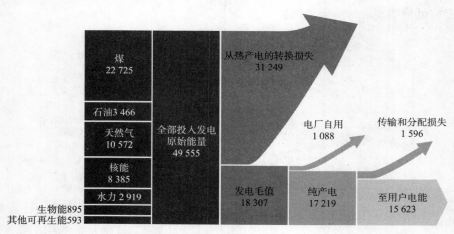

图 5-2 全球电力系统能量流程图（单位：TWh）
（来源：IEA 2008）

而热电联产（CHP）技术仅用 75％～80％的能量投入，运行最好的 CHP 电厂可以有 90％变成有用的能量。对于给定发电厂，热电联产本身并不增加原始能量投入，但增加了整体有用能量的产出：除了有用的电能还有有用的热能。热电联产技术允许同样多终端用户能量供应要求条件下，较少原始能量投入。当这些能量投入来自化石能源，不仅导致更

少的对燃烧产生 CO_2 的化石能源的依赖；而且还可以保存这些趋于耗竭的材料用于一些难以替代的场合。这样，热电联产技术成为低碳节能的重要手段。

热电联产技术对于方针制订者、私人用户和投资者具有吸引力是因其众多的能量、环境和经济效益，包括：

1）大大增加能量利用效率；

2）减少 CO_2 和其他污染物的排放；

3）通过更少的对重要化石能源的依赖来提高能量供应安全；

4）能量消费者降低花费；

5）减少运输和分配网的需求量；

6）优先利用局地资源，特别是在区域采暖和制冷网路中利用废料、生物质和地热资源，提供向低碳将来的过渡。

5.2.5 可再生能源技术的经济和环境惠益

根据 IEA，一场能量革命将使 2050 全球 CO_2 的排放量比现在减少一半。这一目标是基于全球长期气温上升幅度最高 3℃。对此，可再生能源技术起到至关重要的作用。近年来可再生能源技术迅猛发展，特别是在发电领域。图 5-3 所示为过去 20 年（1990～2009年）发电领域可再生能源技术的突飞猛进。

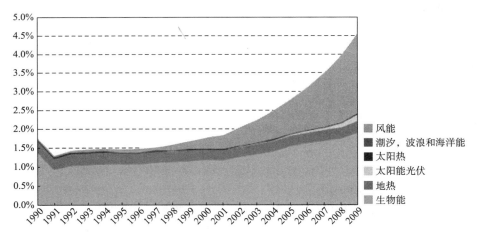

图 5-3　1990～2009 年可再生能源技术在世界全部发电量（TWh）中比重的突飞猛进

注：全球 1990 年和 2009 年的发电量分别为 7440TWh 和 9960TWh

（来源：IEA）

可再生能源指的是：直接或者间接从与太阳光、地球存储的热或者引力相关的自然过程导出的能源。可再生能源可以不断地经由大自然补充。只要此能源的消耗速率没有超过其自然补充的速率，则这个能源是可持续发展的。可再生电能可以由风能、太阳能〔包括太阳能光伏发电（photovoltaic，PV）和聚光太阳能发电（Concentrating Solar Power，CSP）〕、水力、海洋和生物能。可再生热源包括：地热、太阳热（从平板集热器所汲取的低温热以及由汇聚太阳能发电厂的高温热）和生物能。生物燃料可以供应运输部门能量所需。

技术进步和政策支持已经引导可再生能源的巨大发展和广泛部署。尽管已有长足进步，仍然有很多挑战需要去克服，以期促进可再生能源所必需的成长。在如今的市场条件下，关键是改善可再生能源的政策框架，以期弥合可再生能源技术和传统替代能源技术之间竞争力的缺口。连续地和可持续地将可再生能源技术的研究、发展和部署（Research，Development and Deployment，RD&D）作为头等大事来抓，以增加生产率和降低花费。

另外，迅速部署可再生能源提升了重要系统集成议题必须妥善考虑。很多选项和技术包括智能网络的存在增加了电力系统的灵活性并且允许集成可再生电力的大部分。

到目前为止，大部分的注意力集中于如何用可再生能源发电。然而，IEA 的分析表明：2008 年全球最终能耗之中，热能所占份额远远大于运输、电能和非能量用途，如图 5-4 所示。

图 5-4 2008 年全球最终能耗分解为：热能、运输、电能和非能量用途
注：非能量用途指的是能源在很多领域用作原材料，并不消耗或者转换成另一种燃料，比如说，石油用作制造塑料就可分类出非能量用途部分；电能用于运输所耗费能量从运输耗能中扣除；汽车生产产生的热因自用没有计入；没有用电产生的数据，因此亦没有考虑。
（来源：IEA）

更多的技术分析和方针决策应当贡献给利用可再生能量加热和制冷。在很多国家这代表着一个巨大的尚未开发的潜能。

热电联产技术提供了同时供应可再生电能和可再生热能的潜力。

5.2.6 聚焦"热能"

当人们谈起"能量"这一题目——节能低碳和气候暖化，实际上往往集中于电和运输。甚至于越来越多地将运输也归并到电，这是因为近来一些人更重视电动车的缘故。尽管全球最终能耗之中热能所占份额占据主导地位（图 5-4），热还是大大地被忽视了。

5.2.6.1 热的燃料组成

下面我们分析一下产生热的燃料构成。

在经济合作与发展组织（Organisation for Economic Co-operation and Development，OECD）成员国中，天然气在产热燃料中占压倒性优势，达 50.5%；大约 1/4 是石油；煤以及可再生燃料和可燃废物分别约占 10%；4.4% 的热来自商业热源——其中包括区域热网所分配到居民住宅区的热；而只有 0.6% 的份额归属地热和太阳能。

在世界范围内，尽管所用燃料比例不尽相同，我们仍能观察到类似的趋势：石油、煤和天然气三大化石能源仍占有超过 2/3 的产热能耗。

图 5-5 所示为在世界范围内和在经济合作与发展组织（OECD）成员国中产热以满足要求的所用燃料分配组合。

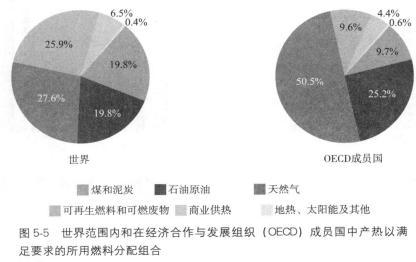

图 5-5　世界范围内和在经济合作与发展组织（OECD）成员国中产热以满足要求的所用燃料分配组合

（来源：IEA）

5.2.6.2　可再生能源的商业供热

商业热可以从几种可再生能源包括可燃性可再生材料、太阳能和/或地热能。而在图 5-5 中，可再生能源在商业产热能源配置中几乎看不出来。图 5-6 罗列了一些经济合作与发展组织（OECD）成员国 1995～2007 年间可再生能源在商业产热能源配置中的发展：奥地利、丹麦、芬兰和瑞典增长迅速，达 15%～24%。其中：

1）奥地利 2007 年的生物能利用在热电联产和热厂中所占比率相当高；

2）丹麦展现了高比率的生物能利用，包括可再生的市政废物（Municipal Solid Waste，MSW）和地热能，用作商业产热能源配置；

3）芬兰和瑞典可再生商业产热能源配置中生物能占据着主导地位；

4）挪威可再生市政废物（MSW）在可再生商业产热中首屈一指；

5）冰岛以地热资源用作地区热网著称，已保持几十年的优势。

5.2.6.3　热能消耗按部门所占比例

热能体现了全部最终消费能量的一个相当可观的部分。热能本身这部分亦可分为一系列热量使用部门：商业和公共部门、农林部门、工业和住宅建筑部门等。图 5-7 所示为世界范围内和在经济合作与发展组织（OECD）成员国中各个部门的热能消耗量所占比例。

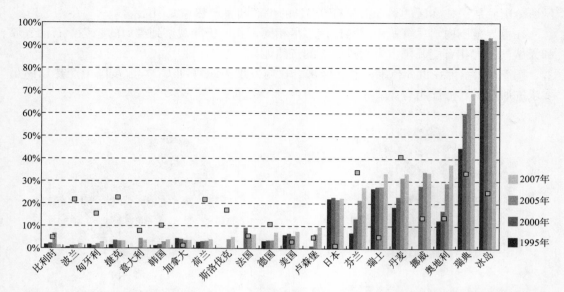

图 5-6　一些经济合作与发展组织（OECD）成员国 1995～2007 年间可再生能源在商业产热能源配置中的发展

（来源：IEA）

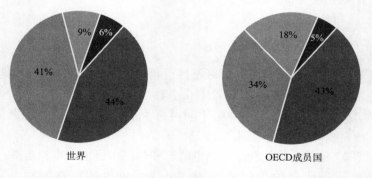

■ 商业和公共部门　■ 农、林、渔业及非指定部门　■ 工业部门　■ 住宅部门

图 5-7　世界范围和在经济合作与发展组织（OECD）成员国中各个部门的热能消耗量所占比例

（来源：IEA）

　　从图 5-7 可以看出：工业部门，无论在全球范围（44%）还是在经济合作与发展组织（OECD）成员国中（43%）都是热能的最大使用部门。而商业和公共部门往往与住宅建筑部门合并成一类称为"建筑部门"。建筑业利用热能量在全球范围（50%）还是在经济合作与发展组织（OECD）成员国中（52%）更高比例。全球范围内在住宅使用热能的高比例是由于大量使用传统生物质燃料的炊饮低效率所致。

　　另一项技术——吸收制冷，采用输入热来达到建筑制冷，将在下一节简介。

5.2.6.4 建筑物吸收制冷

大部分制冷系统基于这样一个过程：被称为"制冷剂"的液体通过一个压缩机来提高其压力。当制冷剂从压缩器释放出，液体突然膨胀而温度降低，遂使周围空气制冷，膨胀的制冷剂再经压缩，依此完成循环往复。压缩机通常由电力驱动。

建筑物的吸收制冷也是经制冷剂的膨胀制冷，但是此技术采用热能来提高制冷剂的压力。这样一来就免去了需要电能来驱动压缩机。

本丛书第二册《建筑无源制冷和低能耗制冷》第 10 章第 10.2.2 节中曾介绍建筑物的吸收制冷。

建筑物的吸收制冷设施已经商业可供，特别适于有余热可供的地方。如是，有助于满足日益增长的制冷需要而不用耗费任何电力并且避免了释放 CO_2。

图 5-8 所示的吸收制冷为芬兰赫尔辛基区域制冷技术组合的一部分。

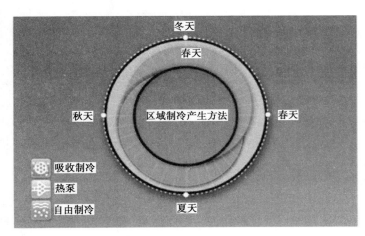

图 5-8 吸收制冷作为芬兰赫尔辛基区域制冷技术组合的一部分

注：自由制冷指的是利用冷海水实现的制冷。

（来源：Helsinki Energy）

5.2.7 可再生热电联产技术

几种可再生原始能源发电优选借助热来发电。这些技术能够享受双重低碳的优势：第一，采用可再生能源必然低碳显而易见；第二，利用热电联产模式享受能量效益高的优势——另一方面的低碳措施。

5.2.7.1 生物质燃料热电联产

生物质热电联产是可再生原始能源和热电联产结合的典范。

生物质燃料多种多样：固体如农业残余物、林业和工业木质废料、食品和造纸工业残渣、绿色市政固体废料（Municipal Solid Waste，MSW）、仓储能量作物以及回收木料。生物质燃料亦可以气体形式，如地坑气、厩肥沼气和废水处理沼气。当然，尚有固态生物质经气化间接产生的气体或者液体生物燃料。

在某些国家，生物质热电联产已经在全部热电联产发电有相当大的份额，如图 5-9 所示。在这些国家中，芬兰和新西兰自身都有大量森林资源；挪威和葡萄牙尽管森林资源并不多，其生物质燃料热电联产中依然在全部热电联产发电中依然占有相当大的份额。法国和加拿大有很多森林资源，显示了生物质热电联产发展的巨大空间。

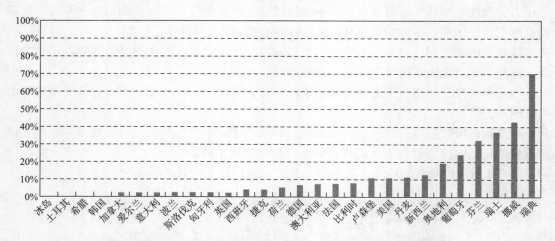

图 5-9　某些国家生物质热电联产已经在全部热电联产发电中占有相当大的份额

（来源：IEA 2011）

应当说，林业和木材加工业产生大量边角废料，能给予更多机会作为生物质热电联产的生物质燃料——或者纯生物质燃料或者与其他燃料共燃（关于"共燃"请参考本丛书第四册《建筑可再生能源的应用（二）》第 5 章生物质固体燃料混烧技术）。

下面介绍几个生物质热电联产的实例。

（1）丹麦 Masnedø 热电联产热电厂

此生物质热电联产热电厂以秸秆作为生物质燃料。产生的热量通过区域热网供附近地区农业温室使用。

图 5-10　丹麦 Masnedø 生物质热电联产热电厂

（来源：IEA）

（2）法国热电联产热电厂

尽管法国的核能发电世界首屈一指，其生物质热电联产亦不落人后。2008 年，法国工业部从 56 个提案中选定 22 个不同生物质燃料的热电联产发电厂，见图 5-11（a）所示。

其中由 Cofély/Sofiprotéol 两公司联手在法国北部 Grand-Couronne 建的生物质燃料热电联产发电厂方框图如图 5-11（b）所示。其能量效率达 75％，每年可减少 CO_2 排放 72000t。

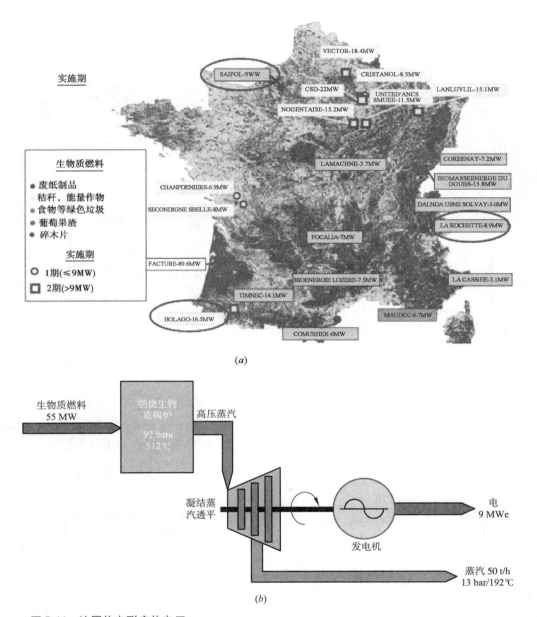

图 5-11　法国热电联产热电厂

（a）法国工业部 22 个不同生物质燃料热电联产发电厂布局；

（b）法国北部 Grand-Couronne 的生物质燃料热电联产发电厂方框图

（来源：COFELY）

（3）泰国 Dan Chang 生物质燃料热电联产发电厂

以糖厂副产品蔗渣为生物质燃料的泰国 Dan Chang 热电联产发电厂主要参数如下：

发电功率 41MW；2 个锅炉具有 120t/h 生产蒸汽的能力；项目可减少等效 CO_2 排放 278610t/a。

图 5-12 所示为泰国 Dan Chang 生物质燃料热电联产发电厂方案简图。

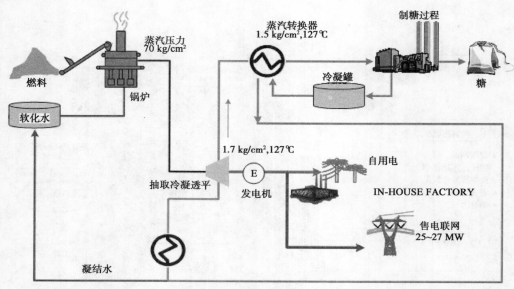

图 5-12　泰国 Dan Chang 生物质燃料热电联产发电厂方案简图
（来源：Asian Institute of Technology）

（4）马来西亚 TSH 生物质燃料热电联产发电厂

以秸秆为主要燃料的马来西亚 TSH 生物质燃料热电联产发电厂主要参数如下：发电功率 14MW；以 80t/h 的速率产生 400℃ 蒸汽用于棕榈油生产；项目可减少等效 CO_2 排放 40000～50000t/a。图 5-13 给出马来西亚 TSH 生物质燃料热电联产发电基本框图。

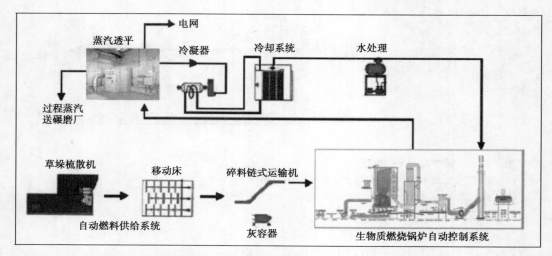

图 5-13　马来西亚 TSH 生物质燃料热电联产发电厂框图
（来源：Asian Institute of Technology）

（5）中国河南省鹿邑县 25MW 生物质热电联产项目

联合国气候变化公约主持的中国河南省鹿邑县 25MW 生物质热电联产项目原理框图，如图 5-14 所示。此方案已于 2010 年 11 月 16 日获得批准。

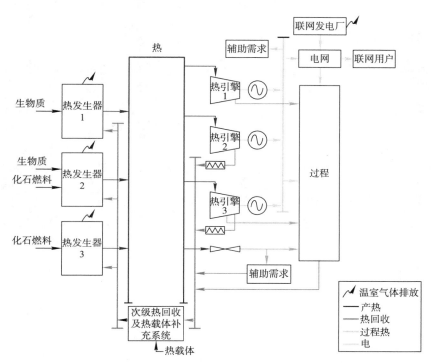

图 5-14　联合国气候变化公约主持的中国河南省鹿邑县
25MW 生物质热电联产项目原理框图

（来源：CDM）

5.2.7.2　地热资源热电联产

地热发电厂利用地表下的热能来发电。来自地下几百米甚至几千米深热水库的地热液体资源解压以后依蒸汽形式的热能直接用于发电。地热发电厂有 3 种类型，区别仅基于地热资源组成和温度：地下热水库产生"干"蒸汽，极少水，称"干"蒸汽发电厂；地下热水库大部分产生热水，称"闪蒸"发电厂；地下热水库大部分产生热水温度 250～360℉（121～182℃）不够"闪蒸"成蒸汽，但是仍可以用于有机物朗肯循环（Organic Rankine Cycle，ORC）或称"binary" power plant 地热发电厂。对此本丛书第三册《建筑可再生能源的应用（一）》第 9.2.2.2 节"地热发电"有详细介绍，此处不再赘述。

下面介绍几个地热资源热电联产的实例。

（1）冰岛 NESJAVELLIR 地热资源热电联产热电厂

冰岛 NESJAVELLIR 地热资源热电联产热电厂位于冰岛西南地区，有储量丰富的地热田。自 20 世纪 80 年代钻井测试以来，于 1990 年起分期投产。自 2005 年，可生产 290MW 热和 120MW 电力。图 5-15 所示为冰岛 NESJAVELLIR 地热资源热电联产热电厂的现场鸟瞰和地热资源热电联产发电厂流程简图。

(a)

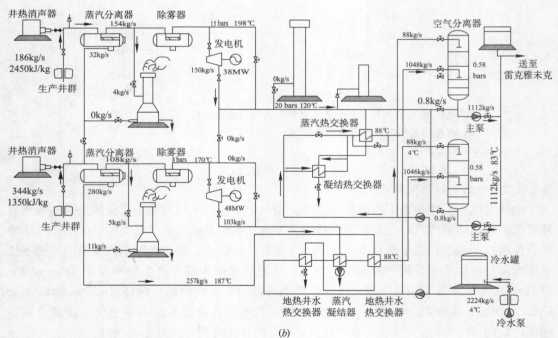

(b)

图 5-15　冰岛 NESJAVELLIR 地热资源热电联产热电厂

(a) 现场鸟瞰；(b) 地热资源热电联产发电厂流程简图

(来源：J. W. Lund)

（2）克罗地亚 MARIA 1 地热资源热电联产热电厂

克罗地亚 MARIA 1 地热资源热电联产热电厂项目，发电 4.7MW，产热 10MW，于 2012 年运行。

图 5-16 所示为克罗地亚 MARIA 1 地热资源热电联产热电厂项目，（a）为现场规划，（b）为地热资源热电联产发电厂流程简图。

(a)

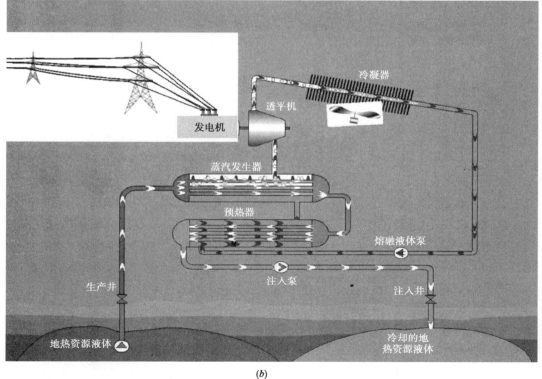

(b)

图 5-16　克罗地亚 MARIA 1 地热资源热电联产热电厂项目

（a）现场规划；（b）地热资源热电联产发电厂流程简图

（来源：ORMAT）

（3）德国地热资源热电联产热电厂

德国并没有涉猎高热含量较深层地热资源，但可以利用在南德沉积盆地水层中温热流资源——Molasse 盆地和上莱茵地堑（Upper Rhine Graben）。在这些中温热流资源中，水温达 50～130℃，可以用于有机物朗肯循环（ORC）。从 2010 年起，已经有 3 座热电联产热电厂投入生产。图 5-17 所示为上莱茵地堑地区地热资源热电联产（CHP）热电厂项目以及仅产热厂项目的部署规划。

图 5-17　德国上莱茵地堑地区地热资源热电联产（CHP）热电厂项目以及仅产热厂项目的部署规划
（来源：BE Geothermal）

这里介绍其中一座具有 10MW 发电产热能力的 Untehaching 热电联产热电厂。

图 5-18（a）主要标识 NNW 实验中 Uha1（中左红白点）及 Uha2（中右红白点）的位置。Untehaching 地区的泥灰岩地层地形顶视，红色圈为选择井位，白色圈为实际钻井井位；图 5-18（a）右边展示了钻井情形。图 5-18（b）标识生产测试 4（production test 4）Uha2 井控制压力（P）和热液体流量（Q）间的关系。

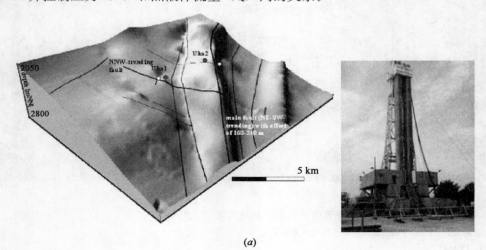

（a）

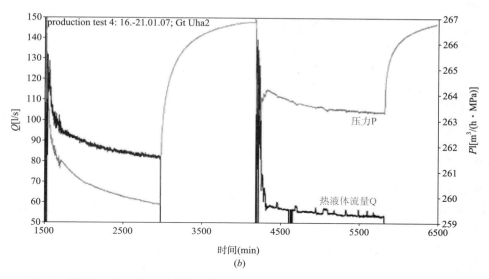

图 5-18 德国具 10MW 发电产热能力的 Untehaching 热电联产厂

（*a*）地区的泥灰岩地层地形顶视，红圈为选择井位；白圈为实际钻井井位；右边展示钻井情形；

（*b*）生产测试 4（production test 4）Uha2 井控制压力（*P*）和热液体流量（*Q*）间的关系

（来源：M. Wolfgramm et al）

5.2.7.3　汇聚太阳能热电联产

汇聚太阳能电厂（Concentrating Solar Power，CSP）汇聚太阳热能然后变成电能。这一过程大部分采用蒸汽透平机，依赖蒸汽循环而驱动发电机。图 5-19 所示为太阳能塔式汇聚太阳能发电的技术流程简图。对此图所描述的过程在本丛书第三册《建筑可再生能源的应用（一）》第 6.2 节太阳热能发电技术中有详细介绍，此处不再赘述。

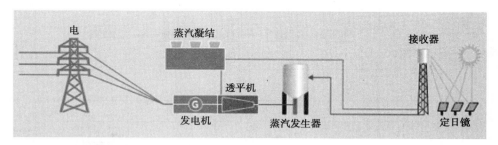

图 5-19 太阳能塔式汇聚太阳能发电的技术流程简图

（来源：US National Renewable Energy Laboratory，NREL）

鉴于 CSP 技术优先利用热来发电，热电联产算很方便。按照 IEA2010，CSP 技术不仅在沙漠地区适用；地中海及北非地区、美国西南部甚至一些大城市诸如：雅典、开罗、休斯敦、伊斯坦布尔、约翰内斯堡、利马、利雅得和悉尼，就近城郊工业区，有很大开发潜能。如果 2020 年可以完成 CSP 项目，将大大增加汇聚太阳能发电的效率。

一个例子是南非最大的矿业集团公司 Anglo American 正考虑在北部海峡建造一座

100MW 汇聚太阳能热电联产厂提供 60MW 电力供 Sishen 铁矿。同时，现场产热供热量需求和制冷能耗用。

正如本丛书第三册所述：CSP 在美国已经有 15 年以上可靠运行历史，随后会有大批项目上马。显然，热电联产是一个热点。

热电联产产生的热有一个重要的用途是海水淡化。这是因为很多适合 CSP 的地区往往淡水奇缺。

热电联产产生的热用于海水淡化将在 5.2.8 节单独讨论。

5.2.8 热电联产产生的热用于海水淡化

海水淡化的需求日渐旺盛。海水淡化主要有 2 种方法：

1) 蒸馏；包括多步蒸馏（Multi-Stage Flash distillation，MSF）和多重效应蒸馏（Multi-Effect Distillation，MED）；

2) 过滤：用泵使海水通过膜过滤——小的水分子渗透过而阻截大的盐分子，遂在膜的另一边得到淡水。此过程称为"逆渗透"（Reverse Osmosis，RO）。

两种方法都耗费大量能量：蒸馏过程要求 70～110℃ 的蒸发温度；过滤用泵须耗费电能驱动。

上述海水淡化主要方法 MSF、MED 以及 RO 的运行机制方框分别示于图 5-20 的（a）、（b）和（c）。

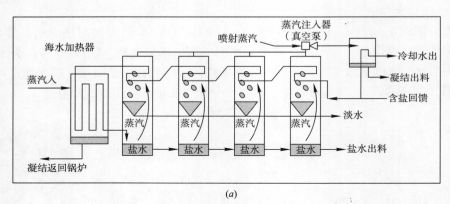

(a)

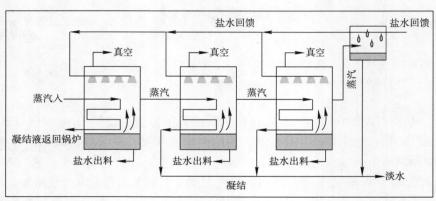

(b)

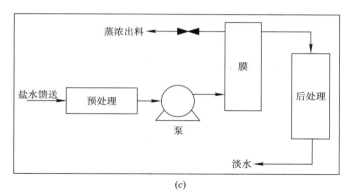

(c)

图 5-20　海水淡化的主要方法

(a) 多步蒸馏（MSF）；(b) 多重效应蒸馏（MED）；(c) 逆渗透（RO）

(来源：Miller 2003)

2006 年约旦/德国合作在约旦亚喀巴（Aqaba）的项目（Ayla Odsis Hotel）将热电联产产生的热用于海水淡化可以比常规方法节省 34％的化石能源，详细见表 5-1 所列。

约旦亚喀巴 Ayla Odsis Hotel 项目发电、制冷和海水淡化方案比较　　　　表 5-1

		常规方法	常规+热电联产	太阳能+热电联产
能量输入 (MW)	天然气	85	70	56
	太阳能	0	0	14
所用淡化技术	电驱动逆渗透	■	□	□
	热驱动蒸馏	□	■	■
所用制冷技术	电驱动压缩制冷	■	■	■
	热驱动吸收制冷	□	■	■
产出		电：10MW,	冷：40MW	淡水：400 t/h
与常规方法比较天然气节省		0%	18%	34%

(数据来源：Trieb et al)

图 5-21 将约旦亚喀巴 Ayla Odsis Hotel 项目发电、制冷和海水淡化常规与热电联产产生的热用于海水淡化的方案比较更具体化。

从这案例分析可以看出：利用热电联产产生的热还可以减少汇聚太阳能电厂（CSP）系统的冷却水需求。这可以从图 5-19 看出蒸汽凝结就是司职以冷却水循环来冷却系统。因为汇聚太阳能电厂往往运行于缺水地区，以热电联产产生的热来减少汇聚太阳能电厂（CSP）系统的冷却水需求的同时还能用于海水淡化可谓一举多得。

图 5-22、图 5-23 和图 5-24 分别描绘了世界范围海水表面年平均温度、世界范围海水表面年平均含盐度以及以阿拉伯半岛为代表的对热电联产产生的热用作海水淡化的迫切要求。

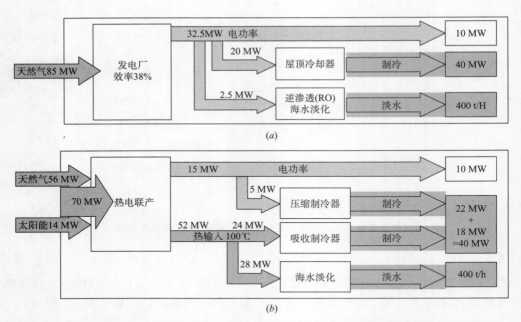

图 5-21 约旦亚喀巴 Ayla Odsis Hotel 项目发电、制冷和海水淡化常规与热电联产产生的热用于海水淡化的方案比较

(a) 常规方案；(b) 热电联产产生的热用于海水淡化

(来源：Kern et al)

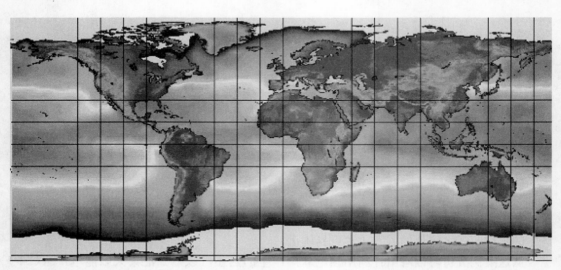

图 5-22 世界范围海水表面年平均温度

注：深红色约 29℃，深蓝色为 −1℃

(来源：Santa Barbara City College)

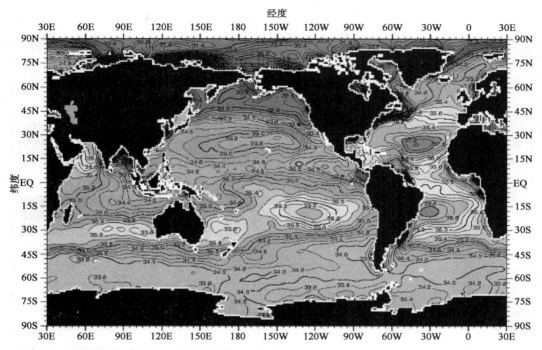

图 5-23 世界范围海水表面年平均含盐度（g/kg）

注：深红色含盐量高，蓝色低

（来源：National Ocenographic Data Centre，NODC）

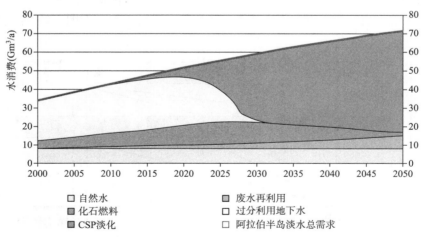

图 5-24 阿拉伯半岛至 2050 年的淡水需求量及各种满足方式

（来源：Deutsches Zentrum für Luft-und Raumfahrt，DLR）

汇聚太阳能发电（CSP）产热进行海水淡化有多种构造形式：

1）汇聚太阳能产热经多重效应蒸馏（MED）海水淡化；

2）汇聚太阳能＋热存储发电供逆渗透（RO）海水淡化；

3）汇聚太阳能热电联产经多重效应蒸馏（MED）海水淡化。

图 5-25 从左至右分别描绘这三种不同构造模式。显然，第三种：汇聚太阳能电厂（CSP）＋热电联产（CHP）＋多重效应蒸馏（MED）海水淡化技术的综合经济效益最高。

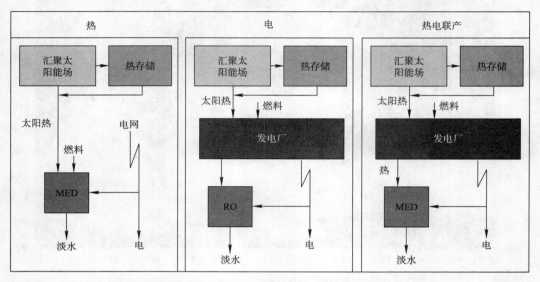

图 5-25　汇聚太阳能发电（CSP）产热进行海水淡化的 3 种构造形式
(来源：DLR)

本丛书第三册《建筑可再生能源的应用（一）》第 6.2 节太阳热能发电技术中介绍的各种汇聚太阳能发电技术可以与不同的海水淡化技术进行组合，如图 5-26 所示。

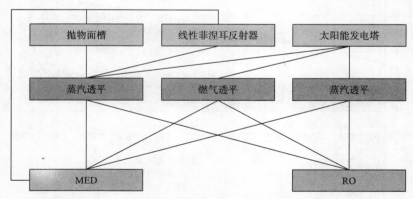

图 5-26　各种汇聚太阳能发电技术与不同海水淡化技术的组合
(来源：DLR)

5.3 热电联产与变化的可再生能源电力生产

5.3.1 变化的可再生能源

在电力系统中，要不断地保持动态供需平衡。然而一些可再生能源的供应却存在着变化的本质特征：风不可能总是强劲；太阳也不会每日高照；波浪亦非持续地撞击。这样一来，造成发电用可再生能源供应的波动性。正因为可再生能源供应的波动性，造成人们对可再生能源进入供电系统的犹豫不决。然而，电力系统的需求也是波动的：或每日、或季节。风电、波浪和潮汐发电、河流水力和太阳能发电都可以被考虑为变化的可再生能源发电技术（variable renewable electricity，var-RE）。

在恰当的条件下，热电联产与可再生能源技术相结合会有助于解决电力系统中保持不断动态供需平衡的问题；因此，增加了变化的可再生能源发电技术（var-RE）这一课题的生命力。

5.3.2 可再生能源发电的展望

可变可再生能源发电技术（var-RE）集成入电力系统可以使 var-RE 对电力系统作出更大贡献。

过去 10 年中，IEA 成员国的非水力可再生能源发电所占总发电量的比例呈指数曲线上升，这主要得益于风电的应用。

图 5-27 展示了按照蓝图（Blue Map），世界主要国家和地区到 2050 年可再生能源发电的增长。

尽管有如此大的增长预期，但非水力可再生能源发电所占总发电量的比例仍低于 2009 年全球发电量的 5%。按照 IEA 2010，仍然须进一步加大非水力可再生能源发电，包括可变可再生能源发电技术（var-RE）集成入电力系统所占总发电量的比例。

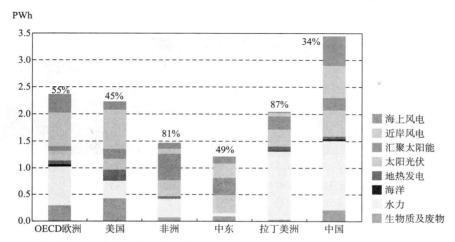

图 5-27 按照蓝图，世界主要国家和地区到 2050 年可再生能源发电的增长（%）

（来源：IEA 2010）

5.3.3 通过热存储来平衡可变可再生能源发电

5.3.3.1 电力系统保持动态供需平衡的基本考量

可以考虑采取各种策略来减少在任何时刻可变可再生能源发电技术（var-RE）对电力系统保持不断的动态供需平衡之潜在的干扰性影响。这些策略包括：

1）将大批可变可再生能源（var-RE）发电厂的输出在一个大的地理区域内组合；

2）聚集具有相反相关性的或者可预知的可变可再生能源发电（var-RE）技术，以期允许相应地规划确保稳定发电的供需平衡；

3）留有富余的发电能力作为常备，弥补动态供需关系的不匹配；

4）燃气发电厂作为补偿可变可再生能源（var-RE）发电厂的输出上下波动为反应最快的选择。然而，燃气发电机 CO_2 排放量大。这个问题经热电联产可以大为缓解，提高整体能量利用效率。

这样一来，燃气发电厂＋热电联产＋可变可再生能源（var-RE）技术成为一个低碳发电组合。但是，对于热能终端用户而言，保持不断的动态供需平衡可以简单地用热存储的手段达到。

5.3.3.2 热存储帮助电力系统保持动态供需平衡

热能存储相对简单，而电能存储却非常困难而且花费巨大。

热能存储的简单程度很大程度上取决于存储的形式以及要存储多长时间。到 100℃ 维持 48h 就非常简单。高温热存储且时间长，包括跨季节存储器，技术上如今也可以做到，但相对复杂些。

尽管不是用于保持电力系统动态供需平衡，在热电联产中采用热存储已很广泛。有些热电联产系统设计产能按尖峰电力需求量考虑，所以高峰电价会贵些。热存储确保储存的热在需要时提供，特别是对社区供热供电，效率非常高。

图 5-28 展示了英国 Barkantine 带热存储热电联产的热电厂为 1000 户家庭住宅、学校、休闲中心和社区建筑物供热供电，受惠人口 4000。能量利用效率高达 85%。除此之外，尚可将多余能量供给工业和商业用途。

(a)   *(b)*   *(c)*

图 5-28 英国 Barkantine 安置带热存储热电联产的热电厂为 1000 户家庭住宅、学校、休闲中心和社区建筑物供热供电，尚可将多余能量供给工业和商业用途

(a) 家庭住宅；*(b)* 社区公共设施；*(c)* 工业和商业用途

（来源：DALKIA）

采用热电联产作为可变可再生能源（var-RE）的平衡，热存储帮助电力系统保持动态供需平衡的优势非常明显。

作为结果，这一举措增加可变可再生能源（var-RE）的应用潜能；而且使得当地的电价有所降低。

另一个实例是丹麦 Hvide Sande 热电联产厂，见图 5-29 所示。该厂安装 2 台燃气轮机，每台具有如表 5-2 所示能力：

图 5-29　丹麦 Hvide Sande 热电联产厂
（来源：DESIRE）

丹麦 Hvide Sande 热电联产厂燃气轮机能力			表 5-2
电	3. 8MW$_{c1}$	效率　40%	
热	4. 9MW$_{heat}$	效率 52%	

Hvide Sande 热电联产厂还安置了 2 台锅炉，具有如表 5-3 所示能力：

Hvide Sande 热电联产厂 2 台锅炉的能力			表 5-3
锅炉 1	4. 0MW$_{heat}$	效率　100%	
锅炉 2	10. 0MW$_{heat}$	效率 108%	

此厂还有一座热存储器计 2000m³ 等于 130MWh 的热能存储能力。在 2005/2006 财政年度共为地区热网贡献了 41100MWh（其中热电联产厂 32800MWh；2 台锅炉

8300MWh)。同时，热电联产厂产电 24740MWh。整个地区热网共有 1458 个用户连接。

如同英国 Barkantine 带热存储的热电联产厂一样，丹麦 Hvide Sande 热电联产厂也带有热存储，从而可使当地电价降低。这可以从图 5-30 所示的 2010 年 7 月 31 日至 2010 年 8 月 6 日的运行结果得到证实。

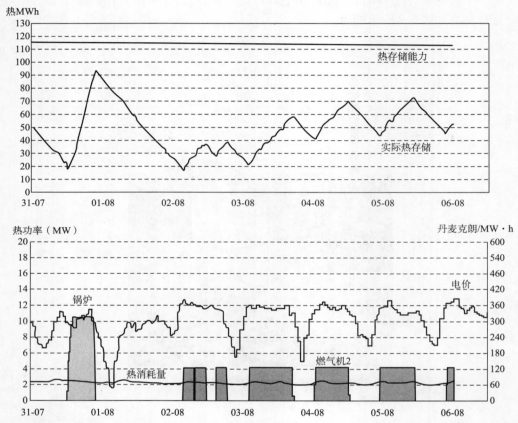

图 5-30　丹麦 Hvide Sande 热电联产厂 2010 年 7 月 31 日至 2010 年 8 月 6 日的运行对当地电价的影响
(来源：www.emd.dk)

5.3.3.3　热电联产对可变可再生能源发电保持动态供需平衡的附加应用

热电联产使得两种不同形式的能量——电能和热能彼此搭接，这里应当还有其他创新寄寓其中。比如：热电联产产生的热能，特别是高温高压热，可以影响到电能的生产水平。高温高压热能还可以供应其他工业部门（如图 5-31 所示 32 个欧洲国家统计的各工业部门对热能温度水平的要求）。如果产生更多高温热，电能的生产会减低，反之亦然。一些工业热电联产厂会平衡轻重缓急，往往按市场收入考虑：最大化产电、卖电买热更划算。然而，一些工业热电联产厂对这种市场机制运行是有一定限度的。

明智之举应当调整热电联产厂的电能生产以配合可变可再生能源（var-RE）的产电，遂恰当调控生产或多或少的高温热和低温热，也就是说，按照电力需求调整生产电能和热能的比例。采用热存储或者高效辅助锅炉可以使整体高温热的供应稳定。

一个例子是位于比利时的 Prayongon 公司的热电联产厂的运行模式：不仅基于电力

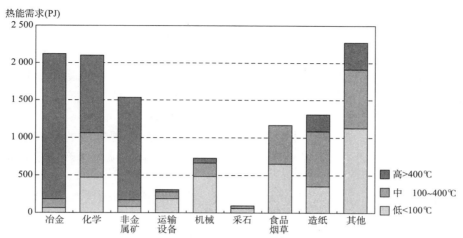

图 5-31　32 个欧洲国家统计的各工业部门对热能温度水平的要求

（来源：Eco HeaiCool Work Package 1）

供应的需求，还基于电价和热价变动来调控。

Prayongon 新建热电联产厂可以满足所在地 70% 的电力和 35% 的热量需求。Prayongon 公司的环保运行模式得到比利时政府 190 万欧元节能环保大奖的鼓励。此运行机制另一方面的优点在于平衡并支持可变可再生能源（var-RE）的产电能力。

在北非和地中海地区热电联产和海水淡化的组合。白天汇聚太阳能（CSP）和 PV 产电和热。而化石能源热电联产发电除了替代太阳能发电还能用热量支持海水淡化生产。淡水的储存比起热存储更简单更方便。因此，可大为提高能量利用效率。

Tokyo Gas 和 Osaka Gas 共同测试了智能网路控制管理系统灵活运行热电联产厂。日本经贸工业部（MET）确定了能量波动最佳化控制项目——展示产热发电和消耗的最佳化潜能。先从社区范围的小规模做起，即系统 A；然后扩展到更广范围的成组系统呈最佳电力交换，即系统 B。

图 5-32 所示为 Tokyo Gas 和 Osaka Gas 智能网路控制管理系统 A 和 B。

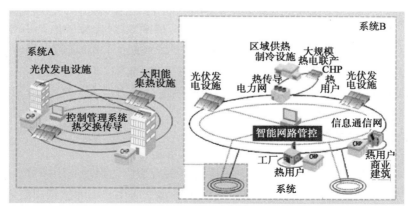

图 5-32　Tokyo Gas 和 Osaka Gas 智能网路控制管理系统 A 和 B

（来源：Tokyo Gas and Osaka Gas）

5.4 小结

本章讨论热电联产和可再生能源之间潜在的最佳协同作用。热电联产和可再生能源均被确认为缓解碳释放的手段。二者联手互补可以成为更强有力的节能低碳方法。要想充分发挥节能低碳潜能的目的，仍需要强有力的相应政策支持。

按照 IEA 的评价：能量利用效率是应对与能量相关问题挑战的最有力的工具之一。依传统发电模式，2/3 的能量输入损失到空气中。有几项关键政策已被证明卓有成效：

1）在国家层面设立热电联产的战略，涵盖：技术发展；刺激消费；网络连接；宣传和提高认识，由政府相关部门完成这一战略；

2）针对供需平衡而建立基础设施进行战略性探索；

3）对国家、州、省及地方层面目标完成进行相应考核。

可再生能源是热电联产在节能减排、实现低碳的一个盟友。目前的方针仍旧是尽可能地利用不可再生能源。从主要利用原始化石能源系统转移到主要应用可再生能源系统需要几十年的时间。在这一转型期间，可再生能源和原始化石能源将会共存。

开发可再生能源遇到的问题人所共知，诸如：经济壁垒、化石燃料价格的波动引发的未知存储量以及从其他能够扩展经济规模的成熟技术来的竞争。其他的障碍还有技术开发事宜（如改善能量储存技术）、市场和行政壁垒。为开发可再生能源而建立并长期保持一系列框架方针来填补可再生能源和传统替代能源间的竞争缺口是最为关键的。IEA 出版物《部署可再生能源——有效方针的原则》（Deploying Renewables：Principles for Effective Policies）提供了一个支持可再生能源方针策略的分析。

热电联产技术的优点之一是对部署可再生能源发电和可再生能源供热有益。如今，对可再生能源供热的政策支持比起对可再生能源发电和用于交通运输业的政策支持力度要小许多。解决问题的焦点在于寻找可再生能源供热引发附加费用的出处和分配，以及如何使之合理负担。

热电联产对克服一些可再生能源本质上的不稳定性，保持发电动态供需平衡的附加应用显现优势。鉴于热电联产提供高能量利用效率和缓和 CO_2 排放方面的可靠性，使之成为节能低碳首选的方法之一。然而，变化的电力生产亦改变了热电联产厂的投资：较高的前期投资、较高的运行费用和流动资金，当然尚有资金的不确定性。

为了低碳的未来，热电联产和可再生能源联手运行潜力巨大。热电联产和可再生能源结合着重在 3 个方面起关键作用：

1）供热，这一点常常被人们忽视；

2）可再生燃料发电技术可以在热电联产模式下运行；

3）热电联产对可变可再生能源发电保持动态供需平衡的附加应用趋势。

本章分析强调：热电联产和可再生能源组合形成经证实的，能量利用高效的并且高性价比的节能低碳解决方法。

6 可持续发展的建筑和社区

6.1 国际能源局推荐可持续发展的建筑和社区研究课题

国际能源局（IEA）报道：全球范围内，建筑分摊了全世界大约30%～40%的能量消耗、30%的温室气体排放以及25%～40%的固体废物。

IEA推荐安排40个研究项目主要瞄准节约能源，涉及设计决策、建筑物围护结构和系统以及开发和部署相应的技术。

包括主要内容：

1）将能量活跃建筑元件集成入建筑物；

2）低能耗采暖和制冷系统；

3）混合通风系统；

4）热泵和相应空调系统；

5）地区能量网；

6）低能耗预制件系统；

7）建筑物微电厂；

8）能量利用高效社区；

9）能量决策金字塔。

6.2 能量利用高效建筑的设计战略

6.2.1 建筑物能量利用高效的设计

在过去几十年中，建筑物能量利用高效的研究集中于特殊建筑元件和建筑物运行技术服务系统的效率改进并且已经取得明显的节能实效。然而，大部分建筑元件仍旧还有很大的效率改进空间。将来的发展趋势是要促进这些技术在建筑物中的集成。

在常规建筑物围护结构中采用相应能量活跃建筑元件是开发环境和可再生能源的基础。在发展能量响应建筑概念所遇到的挑战是要得到相应能量活跃建筑元件的最佳组合并且将它们集成入建筑物运行技术服务系统和可再生能源系统，以期能达致一个最佳的环境特性。

这样一个高效利用能量的建筑设计战略如图6-1（a）所示。

能量活跃建筑元件的最佳组合以及如何将它们集成入建筑物的基本构思展示如图6-1（b）所示。

关于能量活跃建筑元件在本丛书第一、二、三、四册中分别有详细介绍，此处不再赘述，敬请读者参阅。

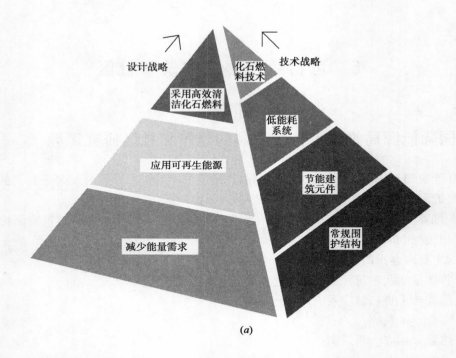

(a)

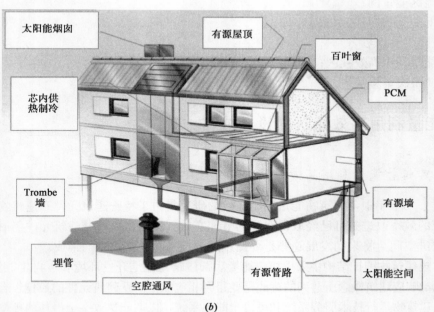

(b)

图 6-1 高效利用能量的建筑设计战略

(来源：IEA 2010)

116

6.2.2　IEA 研究项目举例——挪威 Kvernhuset 中学

IEA 安排的一个研究示范项目——挪威 Kvernhuset 学校示于图 6-2。

Kvernhuset 高级中学位于挪威 Fredrikstad 市，供 450～500 名学生学习、住宿。此旨在与自然、环境和谐的节能研究项目于 2002 年冬季完工。

在设计过程中，基于上述宗旨并顾及：

1）面积适应性；

2）节能战略、生态循环和节省资源；

3）显现采取的措施具有可持续发展潜能并且可以作为学习的样板来推广。

据此考虑并且顾及经济上的限制，此工程共分为 3 个层次：

第一层次是可以应用到整个建筑的，如尽量暴露于自然光线下、地热资源采暖和废水局地处理。

第二层次所涉及的并不适合应用到整个建筑。这大概是由于经济或者其他原因。对此建筑的 3 个翼楼分别采取不同的可持续发展的措施：黄色翼楼强调"利用太阳能"，——有源和无源利用太阳能、太阳能集热器、太阳能电池；绿色翼楼集中于"种植和材料循环"——内外种植、生态循环；蓝色翼楼着重于"水"——路面、厕所和洗手间废水收集。

第三层次涉及与生态研究有关的设施：阳台、水池等装置以及突出生态的装饰。

60％以上的外墙是双层玻璃，得以最大化吸收自然光。其中一半是两层玻璃间有半透明聚碳酸酯材料构成隔热绝缘材料（isofex）。天窗或顶棚照明给人以建筑直接接触大气天光的感觉。参量模型找出了透明、半透明和天窗之间的最佳比例：建筑物得到最多自然采光而且尽可能最小的热损失。其余 40％墙由当地自产木材板料粘贴而成。

当地产石材也用于增加底层建筑的热质量。这些石头松散地搭接，没有用砂浆或水泥粘合。这样一来，当建筑寿命到期，石头很容易又回复自然原状。

这种理念就是："思维全球化，行动当地化"。

为成功达致可持续发展建筑设计的目标，从设计一开始就投入建筑物能量利用高效的理念，该校教师从设计伊始就参与其中。

(*a*)　　　　　　　　　　　　　　　(*b*)

(c)　　　　　　　　　　　　　　　　　　　(d)

图 6-2　IEA 安排的一个研究项目：挪威 Kvernhuset 学校

(a) 入口；(b) 前立面；(c) 翼楼；(d) 石材的利用

(来源：BYERA HADLEY TRAVELING SCHOLARSHIP 2001)

6.3　现存非住宅建筑节能改造措施

6.3.1　非住宅建筑的能量损失

现有很多非住宅建筑包括：行政管理、商业、公共设施等高能耗"政府建筑"，必须加以改造更新。一些国家积累的经验可以世界范围内推广应用。

图 6-3 所示为这些建筑物可能发生的能量损失所在。

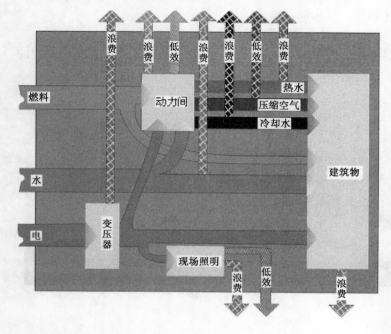

图 6-3　非住宅建筑物发生能量损失的可能所在

(来源：IEA 2010)

6.3.2　现有建筑能量改造措施

根据图 6-3 所示的非住宅建筑建筑物（政府建筑）发生能量损失的可能所在，IEA 安排组织了一系列现有政府建筑能量改造措施的试点工程，现摘要报告（IEA，April 2010）如下。

6.3.2.1　气溶胶管密封剂技术

气溶胶管密封剂技术在美国 4 个不同地区海军基地的 4 座建筑物上安装试运行作为示范项目。

图 6-4 所示为美国加州 Sand Diego 海军基地 3339 号建筑物实施气溶胶管密封剂技术的情形。

结果表明：节能效果取决于建筑物所在地天气情形，能量花费节省 10%～20% 不等。

图 6-4　美国加州 Sand Diego 海军基地 3339 号建筑物实施
气溶胶管密封剂技术的情形
（来源：NAVAIR）

6.3.2.2　冷金属屋顶技术

在美国佐治亚州（GA）保尔丁（Paulding）县，有 2 所中学利用具有高反射率的红外（infrared，IR）颜料喷涂冷金属屋顶来减低制冷耗能。

图 6-5（a）所示为美国佐治亚州保尔丁（Paulding）县 Lillian C. Poole 中学（参与实验的 2 所中学之一）利用具有高反射率的红外（IR）颜料喷涂冷金属屋顶来减低制冷耗能的顶视。图 6-5（b）显示了冷屋顶材料的安装结构。

比较数据表明：

1）能量节省：经过 3 年运行减少制冷能量花费 13%，进一步改进有降低能耗花费 40% 的潜能。

2）环境影响：利用具有高反射率的红外颜料喷涂冷金属屋顶而不采用空调装置，同样保持室内热舒适度和生产率。这样一来，不仅节能而且降低温室气体排放。

3）经济效益：鉴于具有高反射率的红外颜料喷涂冷金属屋顶的造价和普通屋顶成本相同，显然节省了用普通屋顶尚需制冷设施的花费。

(a)

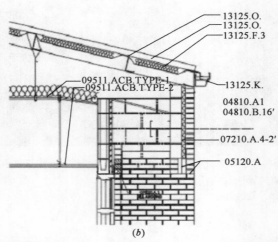

(b)

图6-5　美国佐治亚州保尔丁（Paulding）县 Lillian C. Poole 中学建筑物
利用具有高反射率的红外颜料喷涂冷金属屋顶来减低制冷耗能

（a）现场顶视；（b）冷屋顶材料的安装结构

（来源：Robert Scichili Associates, Inc. and Green Metal Consulting, Inc.）

　　4）样板实际经验意义：此技术特别适用于热带气候地区；通过降低环境温度和缓解
城市热岛效应；防止烟雾生成；红外颜料喷涂冷金属屋顶材料可再循环。

　　具有高反射率的红外颜料喷涂冷金属屋顶技术已经得到 LEED（Leadership in Energy
and Environmental Design）的质量认证。

6.3.2.3　利用日光技术

　　美国国防部最近的研究表明：最高效率的可再生太阳能技术是利用日光。美国海军
最近完成了几个情况各异的建筑物利用日光项目。其中有些项目安装了天窗和日光控

制装置。在美国南加州和亚利桑那州还有将天窗和日光控制用于现存建筑物：办公室建筑、仓库、飞机库和体操馆等的项目。所有项目花费可以用 6.5～8.5 年能量节省费用全部抵清。

图 6-6 所示为上述一些利用日光技术改造的节能项目实例。

(a)

(b)

(c)

(*d*)

图 6-6　利用日光技术改造的节能项目实例

(*a*) Philadelphia Bldg 542，大部分灯关掉，利用日光；(*b*) MCAS Yuma Bldg 545，左：改造前 2200kWh/a；右：改造后 1330kWh/a；(*c*) MCAS Yuma Building 227，研究和维护飞机库；左：改造前开灯；右：改造后关灯；(*d*) MCAS Yuma Building 530 仓库

(来源：NAVFAC)

6.3.2.4　专用室外空气系统技术

美国 Fort Stewart. GA Building 637，典型 3 层 6 单元简易住宅利用专用室外空气系统（Dedicated Outdoor Air System，DOAS）节能改造项目如图 6-7 所示。

图 6-7　美国 Fort Stewart. GA Building 637，典型 3 层 6 单元简易住宅利用专用室外空气系统（DOAS）节能改造项目

(来源：IEA 2010)

美国 Fort stewart. GA Building 637，典型 3 层 6 单元简易住宅利用专用室外空气系统（DOAS）主要控制室内湿度。

此住宅顶层阁楼现存的 3 个结构空气单元（make-up air units，MAUs）被原地废弃。1 套全电驱动的 DOAS 系统与 1 个 2 阶段制冷再级联 1 个干燥轮被安装在建筑物外，并连接到现存室外空气分配管道作为脱湿通风设施。每一居室原有四管通风蛇管单元（four-pipe fan coil units，FCU）保留，继续司职居室分配采暖制冷。安排如图 6-8 所示。

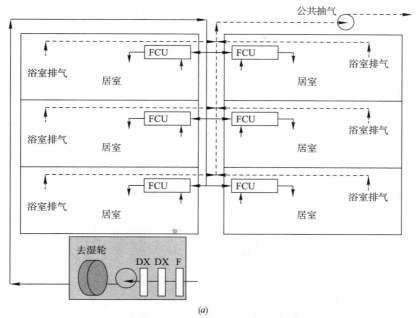

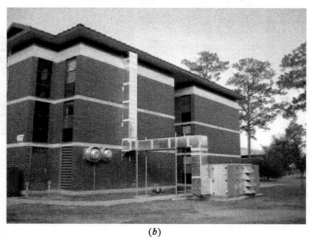

图 6-8　Building 637 DOAS 系统结构和外部连接

（a）系统结构立面图；（b）外部连接

（来源：IEA 2010）

实验结果表明：室内空气质量特别是湿度明显好转，舒适度改善。由于没有任何管道变更，设备安装和维护保养简单。

改造全部花费 12000 美元。

6.3.2.5　需求控制通风技术

这里介绍美国 Birmingham，AL 利用基于 CO_2 的需求控制通风（Demand-Controlled Ventilation，DCV）技术对建筑物进行节能改造的项目。

此基于 CO_2 需求的控制通风（DCV）系统利用一个 CO_2 传感器来监视观测建筑物内 CO_2 水平，如图 6-9 所示。据此 CO_2 传感器采集的数据来调控从室外吸入室内空气的通风

图 6-9　手持 CO_2 传感器

（来源：DOE/EE-0293）

量——依照建筑物指定房间使用者需求来做空气调节。比如，零星使用的会议室除 CO_2 传感器感知会议室被使用，一般仅保持最低通风量。

采用基于 CO_2 的需求控制通风技术的办公室建筑经 6 个月测试结果表明：实际能量节省超过预期：节能 10％；2.2 年能量花费的节省可收回设备投资。

6.3.2.6　无油磁悬浮轴承制冷压缩机技术

在美国佛罗里达州 Jacksonville，海军空气站采用效率更高的无油磁悬浮轴承制冷压缩机技术代替原有制冷压缩机，节能效果明显还提高 30％负载能力（图 6-10）。

图 6-10　美国佛罗里达州 Jacksonville，海军空气站采用无油磁悬浮轴承制冷压缩机

（来源：NAVFAC Engineering Service Center）

采用无油磁悬浮轴承制冷压缩机技术取得节能 284407kWh/a 的实效。7 年能量花费节省可收回设备投资成本。

6.3.2.7　远红外线采暖技术

如图 6-11 所示，加拿大魁北克省 Bagotville 空军第三航空中队飞机库节能改造项目——利用远红外线辐射采暖。

飞机库利用远红外线辐射采暖减少能耗约 50％，即从改造前的 0.433kW/m² 到改造后的 0.22kW/m²。

除了节约能源，还因免于燃烧油采暖因而减少了 CO_2 的排放。

节能改造改善飞机库舒适度和生产率，对飞机质量没有任何不良影响。

此次利用远红外线辐射采暖的节能改造成本用 6.2 年的能源花费的节省可以全部收回。

6.3.2.8　大规模太阳墙空气采暖技术

美国驻军在纽约 Fort Drum 的太阳墙空气采暖系统作为通风空气预热用可算世界最

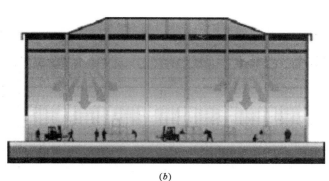

图 6-11　加拿大魁北克省 Bagotville 空军第三航空中队飞机库利用远红外线辐射采暖

（*a*）飞机库外观；（*b*）远红外线辐射到地面采暖

（来源：Canadian Forces Base Bagotville）

大规模太阳能空气加热项目。此项目的最大亮点是捕获太阳能的绝对幅度以及减少了二氧化碳的排放量；并显示了恰当地大规模部署太阳热能技术的巨大潜能。

设计和安装太阳墙空气集热器系统，亦称气化或无釉穿孔集热器（transpired or unglazed perforated collector），被视为能量利用效率最高的技术，特别适合军队建筑，诸如车辆保养维修库。

本丛书第三册《建筑可再生能源的应用（二）》第 5 章 5.5 节《太阳能多孔集热墙系统》曾经介绍过太阳墙系统原理，敬请读者参阅。

图 6-12 所示为纽约 Fort Drum 无釉太阳墙板在车辆保养维修部滚动升降（roll up）大门上方安置的情形。

使用面积 400m² 的 9 号建筑所安装的太阳墙系统于 2007 年经国家可再生能源实验室（National Renewable Energy Laboratory，NREL）测试，其节能效果为：利用太阳能每月可节省价值约 1000 美元的采暖用油。节能改造总投资可在 6.58 年内全部收回。

6.3.2.9　无源建筑技术

意大利布茨（Bozen）市的省环保局大厦节能改造项目将建筑物结构变更和节能改造

图 6-12　纽约 Fort Drum 驻军车辆保养维修部安装的无釉太阳墙板

（来源：Conserval Systems Inc.）

相结合，瞄准建立意大利第一个"无源办公室建筑"——没有有源采暖和制冷设施，采暖和制冷能耗 12kWh/(m² · a)。图 6-13 所示为其节能改造主要过程，包括：

　　1）建筑围护结构保温隔热；

　　2）带有高效热交换的通风系统；

　　3）利用太阳能。

　　关于"无源建筑技术"的要旨在本丛书第一册《无源房屋——能量效益最佳建筑》中有详尽介绍，欢迎读者参阅。

(a)

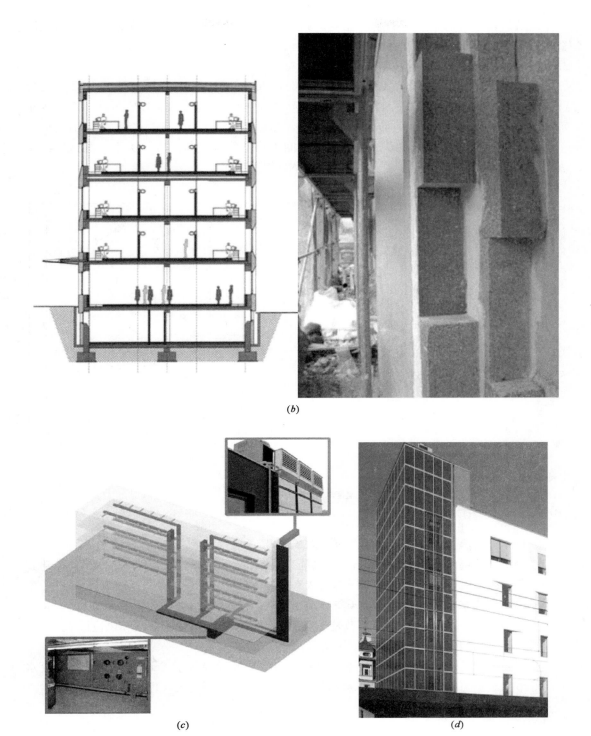

(b)

(c)   (d)

图 6-13   意大利布茨 (Bozen) 市的省环保局大厦节能改造工程

(a) 左：改造前建筑物用作邮局；右：改造后司职省环保局办公大厦；(b) 建筑围护结构保温隔热；(c) 带有高效热交换的
通风；(d) 利用太阳能塔楼安装 PV

(来源：EXPOST)

改造后，建筑物年采暖和制冷能耗达到 12kWh/（m² · a）标准；节能 90％；节能改造总投资可在 5 年内全部收回。

6.3.2.10　去除热层理技术

美国海军水面作战中心 Carderock 分部（West Bethesda，MD）利用去除热层理（thermal destratification）技术达到了节能 40％的目标。节能改造总投资可在 5.2 年内全部收回。

图 6-14 所示为去除热层理风扇和测试期间平均空气温度与高度的关系。测试的结果表明：采用去除热层理风扇还可以明显提高室内舒适度。

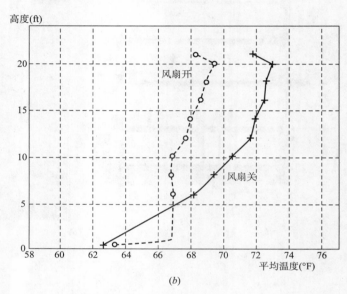

图 6-14　去除热层理技术的应用
（a）去除热层理风扇；（b）测试期间平均空气温度与高度的关系
（来源：TECHVAL）

6.3.2.11　采用膜生物反应器技术的节水改造工程

在美国夏威夷 Schofield Barracks 废水处理厂拟将废水处理能力从 12112m³/d 扩建到 15900m³/d 的同时，进行可持续发展提高效率的技术改造。

尽管四周环水，夏威夷仍历经干旱，地下水位明显下降。采用膜生物反应器（membrane bioreactor，MBR）技术节水改造工程有助于利用循环再生水灌溉和供应民生。

图 6-15 所示为 Schofield Barracks 废水处理厂全貌。

基于膜生物反应器（MBR）技术的 ZeeWeed MBR 设施用于 Schofield Barracks 废水处理厂节水改造可处理各种废水 15900m³/d。图 6-16 所示为废水处理简单流程。

6.3.3　热泵和可逆空调

如今，热泵已经成为节省能源和减少 CO_2 排放的最快捷且最可靠途径。如果电力由先进的燃气或蒸汽发电厂生产或部分地用可再生能源发电，以 1 台热泵替代 1 座锅炉可以节省 50％以上的原始能源。

图 6-15　Schofield Barracks 废水处理厂

(来源：Aqua Engineers Inc.)

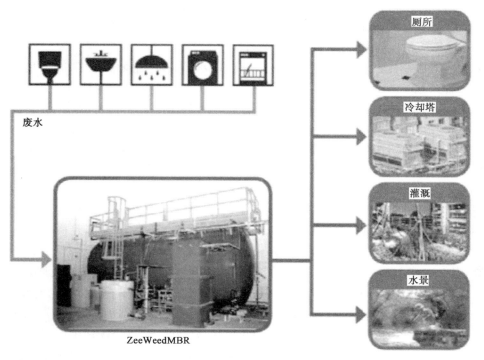

图 6-16　ZeeWeed MBR 废水处理的简单流程

(来源：Aqua Engineers Inc.)

129

在许多非住宅建筑中，存在一个令人鼓舞的节能机会——利用产热的冷冻机。当加热和冷却之间存在某些同时需求时，这一点可以通过冷凝器热回收来实现。如果没有加热和冷却需求之间的同时性，必须寻找可逆性。

鉴于热回收和可逆系统的应用，IEA 研究项目"热泵和可逆空气调节"瞄准促进在空调建筑中采暖和制冷的最有效组合。

其主要目标是：

1）将空气调节尽可能可逆运行；

2）采用至今最新技术；

3）仔细考虑使用条件；

4）研究最佳控制战略；

5）选择建筑类型。

参加国：比利时、法国、德国和意大利。本节对每一参加国仅介绍一个案例。

6.3.3.1　意大利研究应用热泵和可逆空调案例

这里报告的意大利研究应用热泵和可逆空调样板项目位于都灵（Turin）东南 25km 处（Chieri）面积为 8805m^2 的私人公司所有的办公室和工业建筑物。建筑具有：混凝土围护结构；前立面通风；高性能窗户和绿色屋顶。建筑物外观见图 6-17（a）所示。

采用 2 台水-水可逆热泵（water-to-water reversible heat pumps），每台功率：加热94kW、制冷 137kW，冬天供热水以空气调节；夏日供冷水和热水以空气调节。冬天的热源以及夏天的热沉降连接 32 只垂直单管孔热交换器深 100m，如图 6-17（b）所示。这样的热循环并不会导致地下热枯竭。冷空气流经新鲜空气处理器和一个"four tubes"hydraulic net 得以确保环境舒适。

带有加热和制冷设施的地下钻孔阵和相变（冷热）存贮罐如图 6-17（c）所示。对于地热资源热泵系统（Ground-Source Heat Pumps，GSHP）最佳化设计原则是：最小化地下钻孔阵规模；最大化相变（冷热）存贮罐的尺寸和夜间回流的可能的兼容性。此热存储是 950kWh；冷存储是 750kWh。

这样一来，此加热、通风和空调（Heating，Ventilation and Air Conditioning，HVAC）系统如图 6-17（d）所示。

图 6-17（e）所示为相变贮罐的结构。

意大利 Chieri 应用热泵和可逆空调案例实验表明：其节能低碳效果显著；全部花费（一半用于钻孔）可以在 4～10 年内收回。

6.3.3.2　德国研究应用热泵和可逆空调案例

德国研究应用热泵和可逆空调技术的样板项目是位于明斯特市的一座大型办公室建筑LVM。LVM 大厦由新建筑 10000m^2（2008 年 8 月完工）和节能改造老建筑 4000m^2（2010 年 2 月完工）组成。地热资源（91 个约 100m 深钻孔热交换器）＋可逆热泵的系统提供房间所需空气调节能量。对于建筑物同时有加热和制冷功效（在不同区段安装三路管道）。为地热资源调节控制有源热力学系统（Thermal active building systems，Tabs）提供新调控策略。

建筑物外观模型如图 6-18（a）所示。

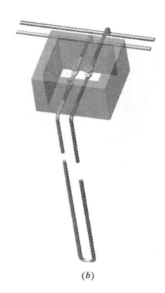

(a)

(b)

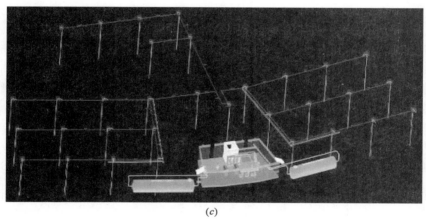

(c)

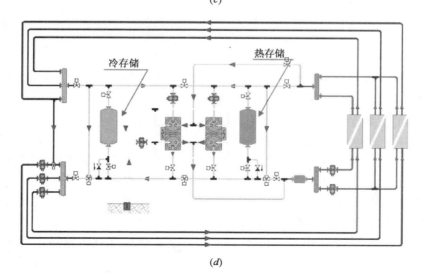

(d)

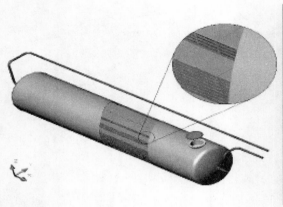

(e)

图 6-17 意大利 Chieri 研究应用热泵和可逆空调案例

(a) 建筑物外观；(b) 地下垂直探针简图；(c) 带有加热和制冷设施的地下钻孔阵和换相（冷热）存贮罐；(d) 加热、通风和空调（HVAC）系统；(e) 换相（热）存贮罐结构简单示意（左），内部相变板清晰可见（右）

（来源：Politecnico di Torino）

建筑物前立面大面积安装玻璃。有根据太阳位置和光照自动控制的遮阳系统。2 个巨大前厅种植棕榈树；屋顶安装太阳能光伏模板，见图 6-18（b）所示。毗邻的办公室经天井注入新鲜空气。前立面小窗自然通风。房间经在混凝土屋面板内偏下方的有源热力学系统供热和制冷。附加散热器常于上午必要时用作附加采暖。

地热资源提供整座建筑、包括新建筑和老建筑，全部采暖和制冷的能量。91 个约 100m 深钻孔热交换器 U 形探针，位于地下停车场底下，并用特别好的热传导材料填进钻孔，使之与土壤有良好接触。U 形探针管内充以水-乙二醇混合物经 2 个复合接头连接至热泵。

热泵有 2 台，依级联组合：热泵 1：180kW 或 360kW；热泵 2：70kW 或 140kW。这样一来可供 8 种组合。比如提供最大供热（530kW）和制冷（380kW）。

一个热存贮罐和一个冷存贮罐各 10m³，可以延长热泵工作时间。在特别高效运行模式，热泵甚至可以不工作，建筑物夏日也能保持基本温度足够凉爽。

有源热力学系统（Tabs）安装在混凝土屋面板内，包络面积的 90%，以管间距 15～20cm，内介质流速 10kg/(h·m²)，提供温度范围 16～30℃。

上述地热能量概念系统如图 6-18（d）所示。

图 6-18（e）所示为全年加热和制冷负荷分布。

混凝土板芯制冷和加热系统的惯性要求有所修正，以期供应温度不仅达到最佳温度舒适而且减少能量消耗。这里，新的控制策略仅依靠一个线性趋近；控制变量是天气特征，如温度（T）和太阳辐射（S）的组合。为了考虑惯性，比如温度用 24h 平均温度而不采用即时温度。按照新的控制策略供应温度如图 6-18（f）所示。

较长时间的测试表明：热泵可以不用工作，建筑物在夏日也保持足够凉爽的基本温度。

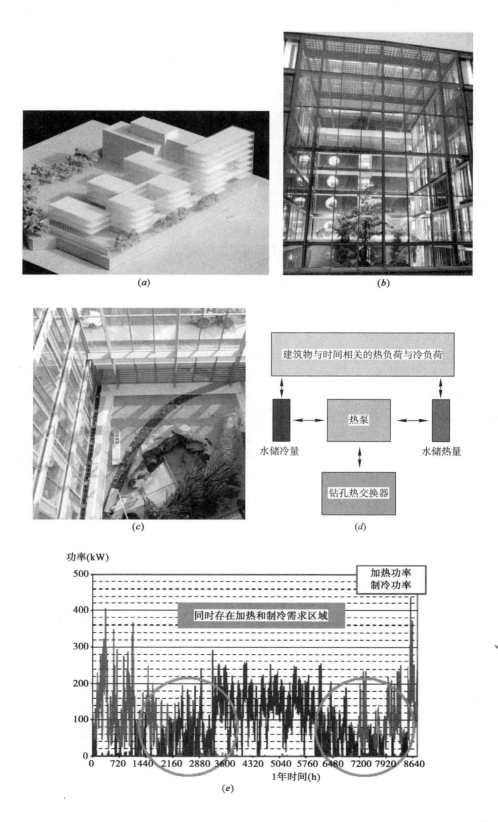

(a)

(b)

(c)

建筑物与时间相关的热负荷与冷负荷

水储冷量

热泵

水储热量

钻孔热交换器

(d)

功率(kW)

加热功率
制冷功率

同时存在加热和制冷需求区域

1年时间(h)

(e)

133

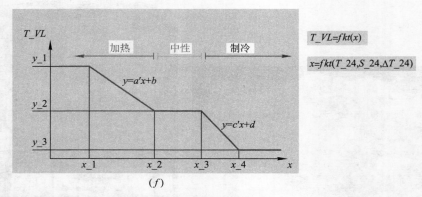

图 6-18　德国明斯特研究应用热泵和可逆空调的案例

（a）建筑物外观模型；（b）屋顶安装太阳能光伏模板；（c）人造岩石作为空气阻挡；（d）地热能量概
念系统简图；（e）全年加热和制冷负荷；（f）按照新控制策略供应温度

（来源：Hochschule Nürnberg, Germany）

6.3.3.3　法国研究应用热泵和可逆空调的案例

这一研究应用热泵和可逆空调的案例主要涉及同时供热和制冷热泵（Heat Pump for Simultaneous heating and cooling，HPS）系统。

除了借助压缩器所消耗的同一能量产生热水和冷水之外；用空气作免费能源，同时供热和制冷热泵（HPS）系统还可以工作在仅产热和仅制冷模式。

在供热模式，由过冷却器恢复的一些能量首先存储在一个贮水罐中，随后作为蒸发源使用。这样一来，能够既增加了系统冬天的平均性能；还可以在空气蒸发器处运行创新的解冻程序。

这一概念通过自行设计的 R407C 设施来完成。

法国这一研究应用热泵和可逆空调的案例在位于 Rennes 建筑面积达 2000m² 的办公室和住宅建筑中进行。

热泵额定功率 43kW；外墙 U 值 0.3W/(m²·K)；窗户 U 值 1.4W/(m²·K)，此课题采用同时供热和制冷热泵（HPS）系统和热虹吸解冻技术。

在此小型建筑中所谓同时供热和制冷，指的是：夏天家用热水（Domestic Hot Water，DHW）和内部空间制冷的同时需求；具有玻璃立面的同一座建筑物朝北面需要加热而朝南面需要制冷。

按照 IEA 的项目要求应使空调尽可能地可逆运行。同时产热和制冷对于热泵来说，是最"可逆"的过程。研究应用这样一种热泵——同时供热和制冷热泵，还有另一个目标：力图将其打造成对现有可用技术的最佳利用。

同时供热和制冷热泵（HPS）系统可以有 3 种工作模式：

1）加热模式：周围空气在蒸发器，水在凝结器；

2）制冷模式：水在蒸发器，周围空气在凝结器；

3）同时模式：水在蒸发器，水在凝结器。

一个程序控制器依照建筑物的需求选择工作模式。

热水罐和冷水罐连接到凝结器和蒸发器，以增加热泵的工作时间，特别在同时模式更是这样。

图 6-19 所示为同时供热和制冷热泵（HPS）系统简图。

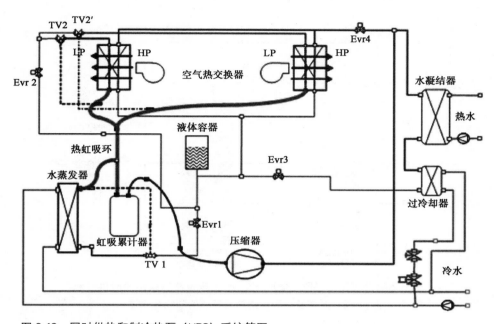

图 6-19 同时供热和制冷热泵（HPS）系统简图

符号注：TV-恒温阀（Thermostatic Valve）；Evr-电子阀（Electronic Valve）；LP-低气压；HP-高气压

（来源：INSA Rennes）

传统冬天过程：

冬天没有制冷的需求。这时候，冷水罐用作短期热存储器。过程在加热模式和同时模式之间交替进行。

这一过程从加热模式开始，涉及水凝结器、空气蒸发器以及过冷却器。这时，借助于制冷剂过冷却的能量将冷水罐的水加热，典型的是从 5℃ 加热到 15℃。然后，HPS 系统切换进入同时模式并且利用储存在冷水罐的能量作为水蒸发器的一个冷源。此时，冷水罐的水温从 15℃ 降到 5℃。

在同时模式，蒸发温度比加热模式高，从此瞬间周围空气比短期热存贮罐水温为低。因此，在冬天过程中的某一瞬间采用同时模式就能够以比标准空气源热泵更好的平均系统特性连续生产热水。此外，在同时模式，空气蒸发器并没有用于蒸发而是用一个双相热虹吸（two-phase thermosimphon）来实现除霜。

下面介绍热虹吸除霜技术：

在加热模式，在冷的外面环境空气温度下，空气蒸发器的翅片结霜。在霜厚达到某一临界值前，冷水罐水温达到 15℃ 并且进入同时模式运作。在同时模式，气冷蛇形管（air coil）借助一个由 2 个蒸发器间形成的双相热虹吸来自动除霜。一个来自水蒸发器的辅助蒸汽流被传递至温度和压力偏低的空气蒸发器。制冷剂与结霜的空气蒸发器的翅片交换潜热、凝结并借助重力返回水蒸发器。

在 INSA Rennes 重点实验考核了上述概念、热虹吸除霜以及操作模式间转换，都取得圆满成功。图 6-20 显示法国雷恩（Rennes）一个 45 张床位的旅馆采用同时供热和制冷热泵（HPS）系统及普通可逆热泵系统年能耗比较。

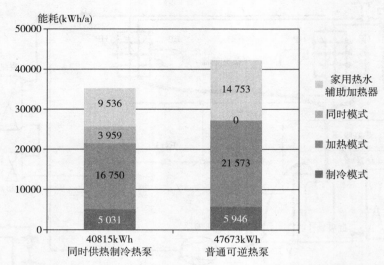

图 6-20　法国雷恩（Rennes）一个 45 张床位旅馆采用同时供热和制冷热泵（HPS）系统及普通可逆热泵系统的年能耗比较
（来源：INSA Rennes）

另外，在法国的雷恩和马赛以及比利时布鲁塞尔，类似条件的实验表明：视具体情况不同节省耗费电能 15%～50% 不等；年运行特性改善 19%。

6.3.3.4　比利时研究应用热泵和可逆空调的案例

比利时研究应用热泵和可逆空调的建筑物——位于首都布鲁塞尔的欧盟委员会大厦，建于 1995 年，占地面积 40000m²，使用面积 54000m²。整座建筑由会议建筑（25000m²，）和总秘书处（29000m²）组成。

图 6-21 所示为比利时布鲁塞尔欧盟委员会大厦。

整座大厦制冷机额定功率：5MW；采暖锅炉额定功率：7.5MW。研究应用热泵和可逆空调将利用热恢复技术减少锅炉的燃料消耗，降低 CO_2 排放。

（1）制冷厂

制冷厂主要有如下组成部分：

A）4 个双螺旋制冷机并行安置，由滑动阀调控负荷以及保护压缩机马达防止过载；

B）并行安置 5 个逆流冷却塔，每塔装备 1 台双速离心风机；

C）并-串联安置 4 个 58m³ 密封冰贮罐，总潜热能力 10.3MWh；

D）5 个逆流平板热交换器并行安置。

上列组成元件由几个网路连接：

1）可变流速制冷水分配网路，连接整个建筑物次级回路（secondary circuit）；

2）乙二醇-水回路，连接蒸发器和密封冰贮罐初级回路（primary circuit）；

图 6-21　比利时布鲁塞尔欧盟委员会大厦

（来源：Université de Liège）

3）热水回路，连接凝结器和逆流冷却塔能耗回路（或抑制回路）（rejection circuit）。
图 6-22（a）所示为制冷厂主要组成部分和连接。

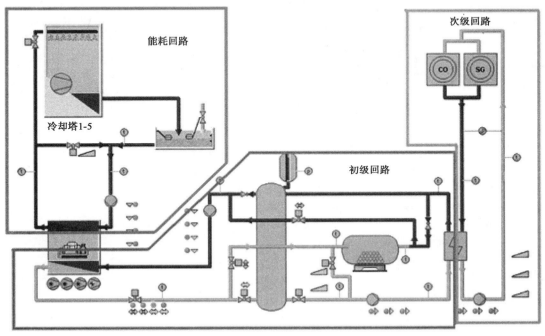

（a）

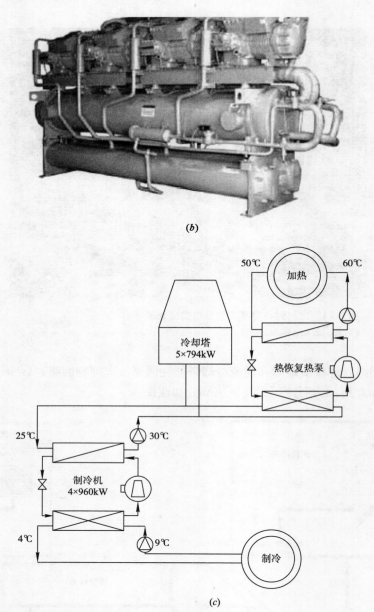

图 6-22　系统组成及连接

（*a*）制冷厂主要组成部分；（*b*）目前市场可供热恢复热泵轮廓；（*c*）热恢复热泵至制冷
水厂的联结

（来源：Université de Liège）

（2）加热厂

加热厂采用 4 个锅炉，总共安装额定功率 7.5MW。

（3）借助热泵制冷机热恢复

热恢复的潜力可在下面加热和制冷要求的图中一目了然。实际上，这两个要求的同时
性可以在 2008 年全年部分时段显现出来，如图 6-23 所示。

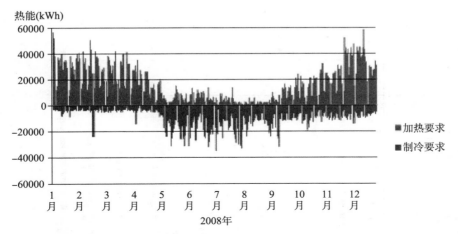

图 6-23 2008 年全年加热和制冷要求的时间分布

（来源：Université de Liège）

利用"热恢复"解决方案即在制冷厂的凝结器和制冷塔之间插入 1 台热泵。热泵的蒸发器依串联方式连接到制冷机的凝结器（制冷机的凝结器本身是并联结构）。按照这种构建方略：从凝结器出来的水流经热泵的蒸发器。这样一来，利用热泵能提高恢复热的温度水平：到 60～70℃，这种热泵通常被称为"温度放大器"。

图 6-22 （b）给出目前市场可供热恢复热泵轮廓图。

图 6-22 （c）所示为热恢复热泵至制冷水厂的连接。

图 6-24 所示为按照分步及整体模拟考核的结果。

由图 6-24 （a）可以看出：当外面空气温度低时，热恢复热泵并不足以满足全部加热需求。热泵通常工作在 40～70℃。幸运的是：大部分加热要求是外面气温高于 3.5℃。这就意味着：热水温度低于 65℃。

此时，热泵的平均功率系数（COP）是 3.4；与此同时，制冷机的平均功率系数是 4.2。

由图 6-24 （b）可以看出：CO_2 排放量大约减少 18％。这主要因为：36％的加热要求由热恢复热泵提供。全年加热要求和制冷要求的时间分布断面（图 6-23）限制了热恢复热泵的充分利用。常年有高制冷要求的建筑，比如计算机房，更适合使用这种热恢复热泵。

进一步改善热恢复热泵系统整体特性的方法可以是：当在给定日子制冷和加热要求并不相符（比如说，制冷机夜间工作为冰存贮罐加载）时，存储凝结器产生热量。

冷却塔电耗的降低相对而言并不太重要，因为冷却塔电耗仅占制冷厂全部电耗的 7％。

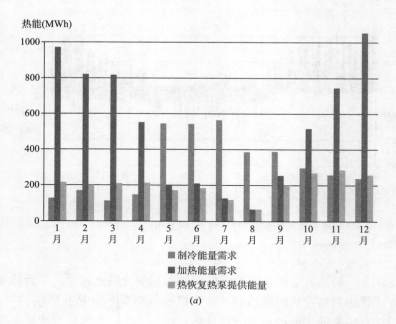

(a)

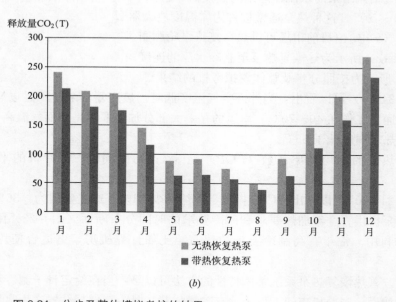

(b)

图 6-24　分步及整体模拟考核的结果

（*a*）逐月制冷和加热要求以及有热泵提供的加热热能；（*b*）CO_2 释放逐月减少

（来源：Université de Liège）

6.4 高效能建筑和社区的低有效能系统

6.4.1 目前建筑物空间采暖和制冷的能量供应链

目前建筑物空间采暖所耗费能量在整个建筑能耗之中占据首屈一指的地位。

图 6-25 所示为目前建筑物空间采暖的能量供应链。

图 6-25 从原始能量出发，经能量转换成相应能源由热发生器产热、存储、分配再到室内采暖目标；包括每一中间步骤，以满足建筑物使用者的采暖要求。

显而易见，这一能量供应链的效率颇值得推敲。

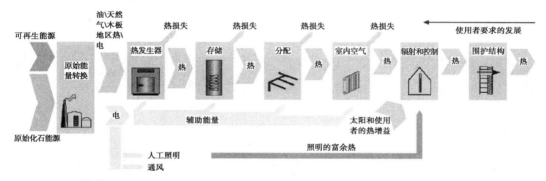

图 6-25　目前建筑物空间采暖的能量供应链

（来源：Schmidt, 2004）

6.4.2 有效能的概念

正如本系列丛书第三册《建筑可再生能源的应用（一）》第 1.2.1 节所述：热的能量价值是热做功能力的表征。热的有效能（exergy）——热力学系统从给定状态到与周围介质平衡的过程中可做的最大功的形式出发，用以评价能量品位的一个参数。又称可用能。

关于热的有效能的定义是基于一个可逆循环（即卡诺循环）运行于一个热存储和一个冷存储之间，如图 6-26 所示。

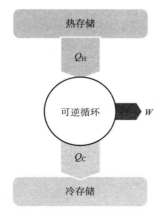

图 6-26　可逆热功率循环（卡诺循环）

（来源：Herena Torio & Dietrich Schmidt）

如图 6-26 所示，由热存储来的热（Q_H）被传送至系统。按照热力学第二定律：并不是进入这一系统的所有热都能做功，但是某一量（$-Q_C$）必然被拒回至冷存储。这样一来分别依照热力学第一和第二定律，从这一循环能够得到的功为：

$$W = Q_H + Q_C \qquad \frac{Q_H}{T_H} = \frac{Q_C}{T_C}$$

而对于给定的 Q_H，这一循环能够得到的最大功为：

$$W = Q_H + Q_C = Q_H - Q_H \cdot \frac{T_C}{T_H} = Q_H\left(1 - \frac{T_C}{T_H}\right)$$

系数 $\left(1 - \dfrac{T_C}{T_H}\right)$ 被称为"卡诺系数"。

在建筑物加热和制冷系统中，热的有效能的输入和输出也类似地遵循：

$$\mathrm{d}Ex = \mathrm{d}Q_{rev} \cdot \left(1 - \frac{T_0}{T}\right)$$

这里，热的有效能（exergy）等于可逆循环热量的传递乘上系数 $\left(1 - \dfrac{T_0}{T}\right)$，称为质量因数（quality factor）；$T_0$ 是目标温度，通常为 25℃，如图 6-27（a）所示。

为使有效能的内涵为正值，质量系数往往加绝对值符号：

$$\mathrm{d}Ex = \left| 1 - \frac{T_0}{T} \right| \cdot \mathrm{d}Q$$

如是，热的质量因数如图 6-27（b）所示。

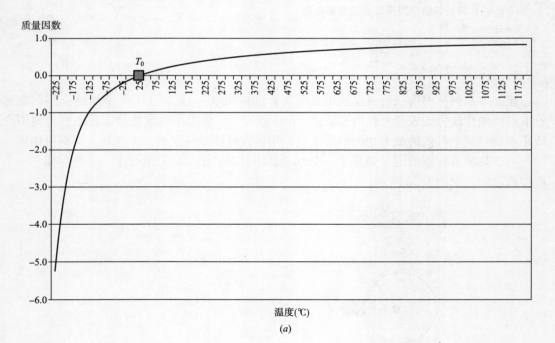

(a)

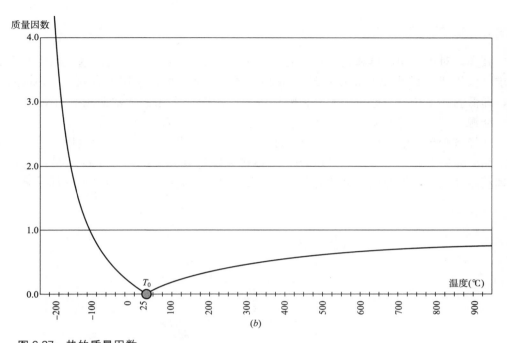

图 6-27 热的质量因数

（来源：Herena Torio & Dietrich Schmidt）

图示的焦点在于有效能从热中"可供"。但是，这取决于热流的方向以及取决于系统温度 T 和目标温度 T_0，是否热可以做功或者要求输入功。有如下通则：

1）热传输使系统和环境平衡（然后逐渐趋向 T_0），理论上可以做功。这意味着：自发的热传输能够做功。

2）热传输使系统从 T_0 继续进行需要功。所有非自发的热传输需要功。

在下面的图 6-28 中，有如下 4 种情况选择：

①加热 $T > T_0$ 的系统（A）→要求能量输入→有效能输入；

②制冷 $T > T_0$ 的系统（A）→达到能量输出→有效能输出；

③加热 $T < T_0$ 的系统（B）→达到能量输入→有效能输出；

④制冷 $T < T_0$ 的系统（B）→要求能量输出→有效能输入。

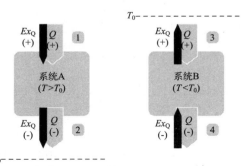

图 6-28 有效能传输方向和能量传输及温度 T 和 T_0 的关系

（来源：Herena Torio & Dietrich Schmidt）

6.4.3 低有效能系统

其实，对于空间加热和制冷有效能（exergy）的需求是非常低的。这是因为对室温的要求（大约 20℃的水平）很接近环境条件。这样一来，推荐采用低有效能（exergy）系统，即低温环境热——地热、太阳和废热资源。然而，实际上常常采用高有效能（exergy）能源——化石能源来满足这样小的有效能（exergy）需求。

从经济和环境的观点出发，高有效能（exergy）应当供应工业，使之用于生产高质量的产品。而探索利用低有效能（LowEx）必然引发与有效能供需水平的质量匹配，以期合理利用高能值的能源以及最佳地利用低能值的能源。这一匹配如图 6-29 所示。

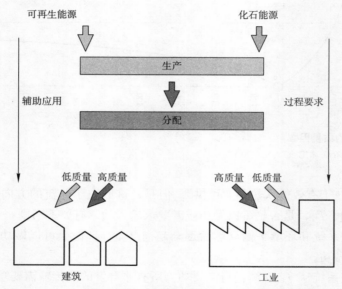

图 6-29　合理利用高能值的能源以及最佳利用低能值的能源
（来源：IEA 2010）

6.4.4 建筑和社区的高效低有效能系统

强调能源来自环境——利用弃置矿坑水为建筑提供加热和制冷；要求在社区层面有效能（exergy）的高效率供应以及相适应的建筑物服务系统。这一概念如图 6-30 所示。

6.4.5 建筑物和社区应用低有效能系统案例

鉴于本系列丛书第一至四册已经对建筑物应用低有效能系统给出一些实例介绍，此处所举案例着重社区应用。

为表达社区应用低有效能系统的能量利用效益，每一个案例基本情况介绍之后，采用 2 个参数并且经图示展现（LowEx Highlights and Diagrams）：

1）有效能效率（Exergy efficiency），又称"第二定律效率"（second-law efficiency）或者"合理性效率"（rational efficiency）。

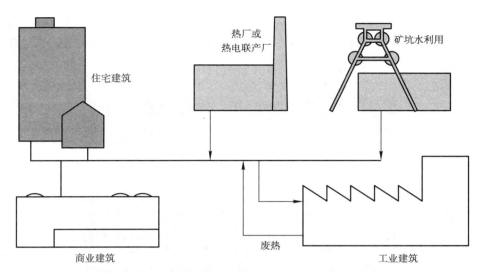

图 6-30　能源来自环境——利用弃置矿坑水为建筑提供供热和制冷，要求在社区层面
有效能（exergy）的高效率供应以及相适应的建筑物服务系统

（来源：IEA 2010）

按照热力学第二定律：没有任何热力学系统效率能超过 100％，即：

$$\eta = \frac{E_{出}}{E_{入}}$$

式中，$E_{入}$——输入系统（过程）能量；

$E_{出}$——系统（过程）输出能量。

2）原始能量比（Primary Energy Ratio，PER），又称"一次能源利用率"，指的是：获得的能量（E_{gain}）与为了获取此能量所消耗的原始能源（一次能源）量（$E_{primary}$）之比：

$$PER = \frac{E_{gain}}{E_{primary}}$$

比如一座建筑物由电驱动热泵供热和备用燃气锅炉供热：

$$PER = \frac{Qt_{供}}{\dfrac{E_{热泵电}}{\eta_{电网}} + \dfrac{Q_{锅} \, t_{锅}}{\eta_{锅}}}$$

式中，Q——供热功率；

$t_{供}$——供热时间；

$E_{热泵电}$——电驱动热泵耗费电能；

$\eta_{电网}$——电网效率，通常等于 0.3；

$Q_{锅}$——锅炉产热功率；

$t_{锅}$——锅炉供热时间；

$\eta_{锅}$——锅炉效率。

在低有效能系统的能量利用效益图示（LowEx Diagrams）中，浅灰色区是高效利用有效能（Exergy）和可再生能源最理想的区域。

6.4.5.1 加拿大达特茅斯市 Alderney Gate 建筑群

加拿大新斯科舍省海港城市达特茅斯（Dartmouth）的 Alderney Gate 建筑群利用可再生能源（海水）制冷；地下跨季节热存储，不再用电力驱动的制冷设备，图 6-31 为此建筑群鸟瞰。

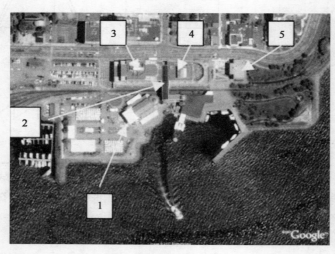

图 6-31　Alderney Gate 建筑群鸟瞰
1-Alderney Landing；2-Alderney Gate；3-Dartmouth；4-Dartmouth Ferry Terminal；5-School Board
（来源：Google）

海水从港口附近抽出直至项目所在地经热交换器再返回大海。然后从海水提取的冷量进入建筑物直接送到制冷分配系统；或者当建筑物需求冷量少时，将此冷量通过地下垂直钻孔热交换器存储于地下，如图 6-32（a）所示。

此地下冷存储系统由 80 眼钻孔阵组成，安装在与图 6-31 所示 5 座建筑物毗邻的停车场地下。每一钻孔均装备加拿大最新设计的"先进同轴能量存储"（Advanced Coxial Energy Storage，ACES）技术，如图 6-32（b）所示。这种技术既可以减少钻孔的数目也能够降低钻孔深度，提高存贮能力 300%。主要技术数据如下：

制冷面积：　　　　　$30741m^2$；

制冷负荷：　　　　　1758.5kW；

供应海水温度：　　　8℃；

返回海水温度：　　　14℃；

钻孔存储能力：　　　500MWh。

低有效能（LowEx）坐标表达见图 6-32（c）所示。这里，有效能效率（exergy efficiency）对原始能量比（Primary Energy Ratio，PER）的图示反映了有效能占投入能量利用效益与产生热量和冷量对原始能源（一次能源）消耗量之比之间的关系。

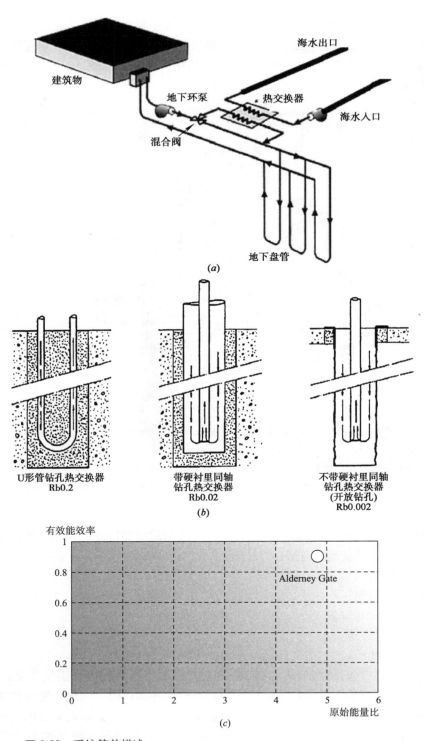

图 6-32 系统简单描述

（a）建筑-海水-钻孔连接；（b）"先进同轴能量存储"（Advanced Coxial Energy Storage，ACES）设计；（c）原始能量比与有效能效率间的关系

（来源：modified after Hellstrom）

6.4.5.2 荷兰海尔伦（Heerlen）市建筑群利用冷热井制冷供热

荷兰海尔伦市建筑群利用冷热井制冷供热项目始于 2006 年，2007 年完成最后一冷井的钻孔。系统可以一年 365 天高效工作；保持各建筑物室内温度 16～30℃；比通常建筑减少 CO_2 排放 50%。图 6-33 为此建筑群鸟瞰。

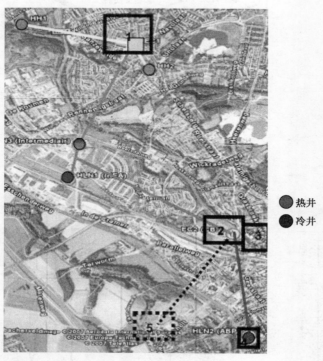

图 6-33　荷兰海尔伦市建筑群利用冷热井制冷供热项目现场鸟瞰
1-Heerlerheide Centre；2-CBS offices old and new；3-Maankwartier；4-APG building；5-(Campus(Arcus,HS Zuyd,OU))
（来源：Fraunhofer IBP）

荷兰海尔伦市冷热井制冷供热项目利用一口较深的废弃特许矿井 ON Ⅲ 矿坑供应热水温度达 30～35℃。供应范围包括：

33000m² 住宅区；

3800m² 商业建筑；

2500m² 公共文化建筑；

11500m² 保健建筑；

2200m² 教育建筑。

当然，建筑群中包括能量站。在能量站，矿井水经热泵后达到供热和制冷的要求水平。另外，施工还装备了其他设施以确保一旦没有矿井水供应，供热和制冷照样运行。

在此项目中，矿井水从 4 个具有不同温度水平的井提取。原始能量管网从热井中抽提约 30℃ 的矿井水至局地能量站，经与二级能量管网（自能量站至建筑物）热交换。二级能量管网提供低温供热（35～40℃）和高温制冷（16～18℃）以及一个兼用的回水（20～25℃）中间井。这些钻井深度和温度被简单地示于图 6-34。

热井和冷井提供给建筑物供应的温度水平，在能量站经多级生成的方案，并与现存热

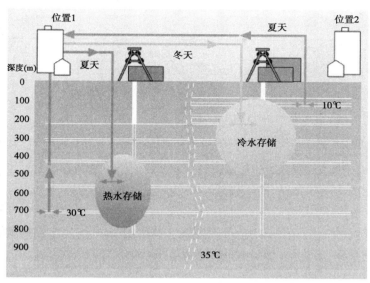

图 6-34　荷兰海尔伦市建筑群利用矿井水的能量概念：钻井深度和温度水平
（来源：Fraunhofer IBP）

泵加上燃气高效锅炉的组合得以确保，如图 6-35 所示。建筑物剩余且没有在能量站利用的热量，可经矿井水返回存储。根据建筑物类别和指定能量需求，建筑物所附的局地能量支站借助热泵、小规模热电联产或者凝结燃气锅炉提供居住生活用水制备。包含终端用户能量使用和能量流的遥测，整个系统由一个智能能量管理系统控制。

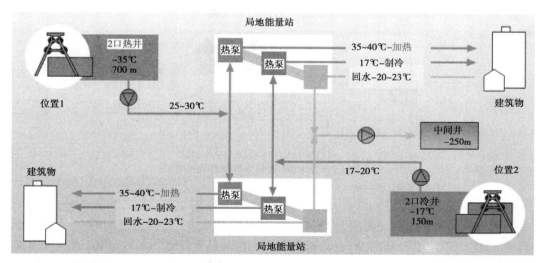

图 6-35　荷兰海尔伦市建筑群能量管理系统
（来源：Fraunhofer IBP）

　　荷兰海尔伦市建筑群低有效能（LowEx）图示（有效能效率（exergy efficiency）对原始能量比（Primary Energy Ratio，PER）的关系）见图 6-36。图中，此项目所选择的能量供应方式表现为白色圈点；灰色圈点为通常能量供应方式。

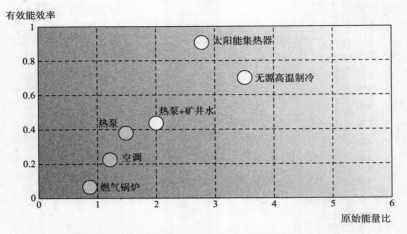

图 6-36　荷兰海尔伦市建筑群低有效能（LowEx）图示

注：此项目所选择的能量供应方式表现为白色圈点；灰色圈点为通常能量供应方式

（来源：Fraunhofer IBP）

6.4.5.3　德国卡塞尔市建筑群利用冷热井制冷供热

德国中部城市卡塞尔市将在未来几年实现一个雄心勃勃的环境友好建筑社区项目，建筑选址卡塞尔大学毗邻的 Oberzwehren 区。

建筑物供热（包括热水制备和空间采暖）利用基于热电联产余热（低有效能系统）的卡塞尔市政供热管。因此，供热效率很高。

图 6-37 简单勾画了 Oberzwehren 区项目区域供热结构。

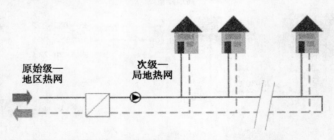

图 6-37　德国 Oberzwehren 项目区域供热结构简图

（来源：Fraunhofer IBP）

区域内设计的独家住宅是 2 层结构，使用面积 $184.4m^2$，围护结构的 U 值为：外墙 $0.28W/(m^2 \cdot K)$；地板 $0.30W/(m^2 \cdot K)$ 和屋顶 $0.17W/(m^2 \cdot K)$，热隔离甚好。内部应用时热增益为 $5W/m^2$。空间供热（SH）供热/返回温度 32～27℃。家用热水（DHW）贮罐 200L，热水温度 50℃。

如图 6-37 所示，中央热交换器将市政供热管（District Heating，DH）的热供给局地热分配管网并行进入建筑物地板采暖。

供热结构从市政供热网经热交换器至局地供热管网供空间采暖和家用热水制备，有 3 个选项，如图 6-38 所示：

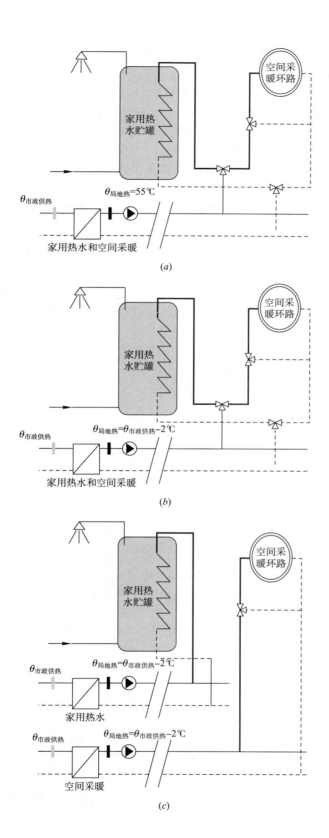

图 6-38 供热结构从市政供热网经热交换器至局地供热管网供空间采暖和家用热水制备的 3 种选项简图

(a) 空间采暖和家用热水制备组合通常高温（用供应管）供热 $\theta_{市政供热}$ = 95℃；

(b) 空间采暖和家用热水制备组合低温（用返回管）供热 $\theta_{市政供热}$ = （65－50）℃；

(c) 空间采暖和家用热水制备分别低温（用返回管）供热 $\theta_{市政供热}$ = （65－50）℃，

（来源：Fraunhofer IBP）

151

1）空间采暖和家用热水制备组合通常高温（用供应管）供热：

$$\theta_{\text{市政供热}} = 95℃；$$

2）空间采暖和家用热水制备组合低温（用返回管）供热：

$$\theta_{\text{市政供热}} = （65-50）℃；$$

3）空间采暖和家用热水制备分别低温（用返回管）供热：

$$\theta_{\text{市政供热}} = （65-50）℃。$$

3种空间采暖和家用热水制备的选项全年能量供应量相差无几。然而，供应的有效能（exergy）却区别甚大：

a）空间采暖和家用热水制备组合通常高温（用供应管）供热，温度最高 $\theta_{\text{市政供热}} = 95℃$，具有最高的有效能供应——15.3kWh/(m² · a)；

b）空间采暖和家用热水制备组合低温（用返回管）供热 $\theta_{\text{市政供热}} = （65-50）℃$，显示出较少的有效能供应——12.7kWh/(m² · a)，比上述情况1）有效能供应减少17%；

c）空间采暖和家用热水制备分别低温（用返回管）供热 $\theta_{\text{市政供热}} = （65-50）℃$，热交换器也分开，导致较低的有效能——仅 11.8kWh/(m² · a)，比上述情况（a）的有效能供应减少24%。

上述（b）和（c）使返回温度分别达到 48.2℃和 37.9℃。这表明：降低返回温度对提高地区供热系统的有效能（exergy）效益大有裨益。

德国 Oberzwehren 项目区域供热系统低有效能（LowEx）图示（有效能效率（exergy efficiency）对原始能量比（Primary Energy Ratio，PER）的关系）如图 6-39 所示。

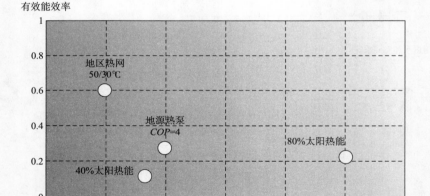

图 6-39　德国 Oberzwehren 项目区域供热系统低有效能（LowEx）图示
（来源：Fraunhofer IBP）

6.4.5.4　美国明尼苏达州双城社区低有效能利用案例

美国明尼苏达州明尼阿波利斯（Minneapolis）市和圣保罗（St. Paul）市社区基于有效能（exergy）高效利用进行了分析，包括：发电、住宅区供热和制冷以及车辆的能量供应。除了能量流的分析之外，有害物质辐射和地下水利用均予以考虑。

图 6-40（a）和（b）分别描绘了在明尼阿波利斯和圣保罗市，可用的低有效能能源如何在冬天被拒之门外。而且，这2个城市的情形到处可见。

图 6-40　在明尼阿波利斯和圣保罗市低有效能能源仍被弃用

（a）冬天，圣保罗市区域能量蒸汽透平冷却塔；（b）明尼阿波利斯区域能量制冷系统冷却塔的冬日运行

（来源：Fraunhofer IBP 2011）

明尼阿波利斯和圣保罗市的绝大部分电力来自 3 个 Xcel 能量区域电厂。所有冷凝热能排放至明尼苏达河和密西西比河。

新的社区基于有效能（exergy）高效利用方案将有冷凝热能排放至河中的热量（1049MW）用于 300000 户居民采暖（每户约 4.4kW）。这将使电厂少发电 41.7MW，冷凝温度从 21.1℃ 提高到 71.1℃。热水供应温度 71.1℃，返回温度 26.7℃。

夏天，低有效能（exergy）制冷技术，如吸附制冷机或液体干燥系统产生 331000MW 制冷功率。蒸汽透平冷凝温度从 21.1℃ 提高到 54.4℃，减少发电 26.71MW。制冷水以 7.2℃ 分配至建筑物返回温度 21.1℃。这种制冷比空气调节制冷高效许多。

明尼阿波利斯和圣保罗市社区有效能效益可从 0.645 提高到 0.762；CO_2 释放减少 39%；使用地下水减少 73%。

明尼阿波利斯和圣保罗市社区项目区域供热系统低有效能（LowEx）图示（有效能效率（exergy efficiency）对原始能量比（Primary Energy Ratio，PER）的关系）如图 6-41 所示。

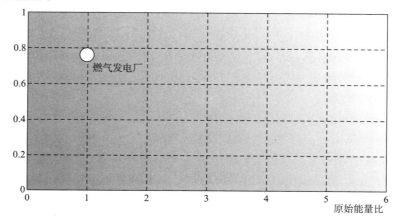

图 6-41　明尼阿波利斯和圣保罗市社区项目区域供热系统低有效能（LowEx）图示

（来源：Fraunhofer IBP 2011）

6.4.5.5　丹麦 Ullerrød-byen 区域热网低有效能利用案例

　　丹麦政府要求新建住宅必须在 2010 年、2015 年、2020 年逐步降低能耗 25%。鉴于与区域热网相连的新建低能耗建筑越来越多，减少依传统供热网络巨大热量损失势在必行。Svendsen et al. 提出的用高热隔离双管短距离低温供热网是解决问题方法之一。丹麦 Ullerrød-byen 区域热网就是这样的一个区域，如图 6-42 所示。

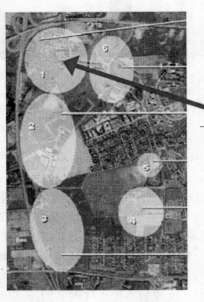

一个有92座低能耗住宅的区域

图 6-42　丹麦 Ullerrød-byen 区域热网

（来源：Svendsen et al.）

　　这一地区有 92 座低能耗住宅，包括空间供热、家用热水、制冷以及电力辅助能量共有能量需求 $42.6 \text{kWh}/(\text{m}^2 \cdot \text{a})$。

　　为减少传统供热网络巨大热量损失采取了如下技术措施：

　　1）用较小尺寸的管；

　　2）热隔离层厚；

　　3）高效聚氨酯隔热层；

　　4）小室气体扩散障碍（Cell gas diffusion barrier，GDB）材料（GDB 材料具有超导电、导热和抗腐蚀能力）；

　　5）扩散密封软承载管（Diffusion-tight flexible carrier pipe）；

　　6）双管（"Twin-pipes" 或 "double pipes"）；

　　7）尽可能减小管长度。

　　选择面积 145m^2 的单层住宅作为与局地热网连接的参考住宅单元。

　　经计算，参考住宅单元的热需求为 6750kWh/a，其中空间供热占 2/3，家用热水占 1/3。

　　假定室内温度定为 20℃，家用热水温度 45℃，可采用不同的供热系统：空气-水热泵、地源热泵和区域热网。供热热网温度 50℃，返回温度 22℃。

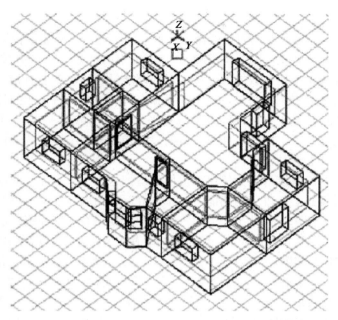

图 6-43 丹麦 Ullerrød-byen 与区域热网连接的参考住宅单元

（来源：Svendsen et al. ）

丹麦 Ullerrød-byen 区域热网区域供热系统低有效能（LowEx）图示（有效能效率（exergy efficiency）对原始能量比（Primary Energy Ratio，PER）的关系）如图 6-44 所示。

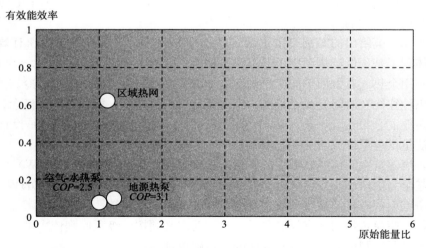

图 6-44 丹麦 Ullerrød-byen 区域热网区域供热系统低有效能（LowEx）图示

（来源：Svendsen et al. ）

6.4.6 建筑物和社区应用低有效能系统小结

有效能（exergy）这一热动力学的概念允许分别描述在一个能量转换系统中被应用或损失的能量流的趋势和潜力。因之，能量供应系统中的低效无能可以被精确地定位和量化。在建筑能量系统中应用有效能的方法，对提高能量利用效率会有很大贡献。

要得到连贯清晰和有用的结果，对于能量和有效能的分析所采用的符号变换具有重要意义。对于采暖应用，基于采暖期间室外气温平均值的稳态输入-输出可以初步估计对于社区范围内的有效能特性。然而，如果分析的目的是供热系统性能的最佳化或者研究热存储器的特性，尚需动态评估。

建筑物供热和制冷系统旨在为使用者提供舒适。这样一来，除了能量效率之外，满足建筑物内的热舒适度是必不可少的功能。关于热舒适度的内容在本丛书第二册《建筑无源制冷和低能耗制冷》第 12 章 12.1.1 节建筑物热舒适度中有详细介绍，敬请读者参阅。

依照能量观点的探讨，无论涉及一座建筑物或者一个社区，为了减少能量需求量而增加热隔离水准或增加建筑物围护结构的空气密封，即将建筑物热能损失最小化。

依照"有效能"观点的探讨，无论涉及一座建筑物或者一个社区，注意力集中于能量供应和要求之间的匹配质量。因此，对于空间采暖这种低质量能量要求应采用低质量能量供应。而对于诸如照明、电器使用或者机械运动这些高质量能量要求应采用高质量能源供应。

"有效能"分析表明：燃烧过程不应该用于满足建筑物低温热需求。化石燃料具有高的能量质量，应当在一个智能的能量系统中得到合理且高效的使用。热电联产单元提供高质量的有效能（如电），可算是恰当利用这些能源的好样板。对于生物质基的燃料（尽管是可再生能源）如果也直接用于空间采暖也会得出类似的结论——有效能效率特别低。而恰恰相反，低有效能的能源应当鼓励用于满足建筑物供热和制冷的需求，比如太阳热能或地热资源。

为了开发低有效能的能源，经常尚需要高质量能量，比如泵或风机用电能驱动热泵等。这些高质量能量输入所需亦应尽可能地小。

前面 6.4.5 节给出的案例突出了建筑系统（如锅炉或热泵）的能量和有效能间的区别。案例体现了基于低温热源用于低温建筑物空间采暖和制冷的设计理念。废水热循环、地区热网利用余热或者太阳热能应当用于这样的低温建筑物空间采暖和制冷。然而，这样的资源可供性往往在时间上或者量上不完全满足要求。这里，智能存储的概念、具有分层最大化和重叠混合最小化（maximum stratification and minimum mixing）设计成为建筑低有效能能量供应系统成功的关键因素。

另外，当建筑空间供热和制冷的能量需求降低以后，家用热水（DHW）的需求比例会增高，甚至为供热和制冷的能量需求的 2 倍。实践表明：利用高温供 DHW 效率很低。进一步的研究应依有效能高效的概念设计 DHW 能量供应系统。

再者，一座建筑物的高有效能和低有效能要求必须按照级联原则依次供应。建筑中这样的热能流级联原则可以直接从有效能的分析中得到。

区域热网（District heating grids）——依智能方式提供可供热能流级联原则的颇具希望的解决方案。区域热网和电网与现代化存储系统一起协调管理和控制可以最大化供应网的有效能效率。如何设计和管理这样一个系统需要进一步研究。

热电联产（CHP）单元和热泵（RP）是非常有效的能量系统，它们可以将热和电产品连通，使之成为将来能量系统中寄予希望的技术。进一步的研究是要求开发合适的存储方案和低温供热和高温制冷系统相结合来提高低有效能能源的效率。这样一来，改善建筑物围护结构允许使用表面供热和制冷系统以及花费合理地利用低有效能能源成为现实可行。因此选择辐射散热系统则限制了在建筑中低有效能能源的使用。从这层意义上讲，水基系统（多数欧洲国家）比空气基系统（美国和加拿大）更适于在建筑中低有效能能源的使用。

以有效能的概念设计能量系统增加了利用环境热和可再生能源；导致降低原始能源消耗和 CO_2 排放量。有效能的概念应当包括进建筑规程和能量条款中作为将来的标志指标。

6.5 低能耗预制件系统

6.5.1 低能耗预制系统概述

IEA 项目组 ECBCS Annex 50 瞄准改善典型住宅建筑能量特性翻新改造，开发示范高效创新概念：很大程度基于能量利用效率最佳化和预制革新模型化。

在大部分发达工业国家，新建筑的能耗仅占建筑总能耗的 10%～20%；而 80% 属于现存老建筑。在欧盟国家，《改善典型住宅建筑能量特性翻新改造》研究开发课题的重要性不言而喻。

在国家和国际层面对新建筑的整体探索并与创新建筑技术相结合导致目标结果——比起典型现存老建筑原始能源消耗量降低 5～10 倍，完全可能。

图 6-45 所示为瑞士住宅建筑能量特性翻新改造发展趋势。

如图 6-45 所示：预制翻新改造主要针对自 20 世纪 20 年代末后 50 年内住宅（高能耗）建筑。随着预制翻新改造的进行以及新建筑逐渐接近节能目标：30～50kWh/(m²·a)，瑞士建筑的总能耗急剧下降。这一例证充分反映出《改善典型住宅建筑能量特性翻新改造》研究开发课题的明显效益。

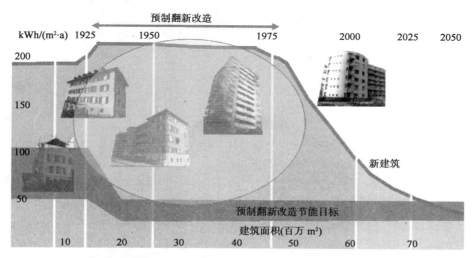

图 6-45　瑞士住宅建筑能量特性翻新改造

（来源：M Zimmermann）

对于老建筑的翻新改造，高度重视节能改造措施和将可再生能源集成进入建筑能量供应系统是问题的关键。作为成功的基础技术在于将无源房屋和低能耗建筑采用的技术与实际建筑物的要求相结合。

此创新概念基于：与供热通风空调（HVAC）、热水制备和太阳能设施结合的预制系统模块结构；集成供热、制冷和通风分配系统的高热隔离特性建筑围护结构。

6.5.2　低能耗预制件系统特点

低能耗预制件系统的特点可以归纳如下：

1）建筑整体概念；

2）不需技术妥协；

3）几个公司合作；

4）模块协调良好；

5）质量保证程序；

6）建造过程迅速。

图 6-46 所示为瑞士苏黎世 Magnusstrasse 低能耗预制件系统的建造过程。

图 6-46　瑞士苏黎世 Magnusstrasse 低能耗预制件系统建造过程

(来源：K. Viridén)

6.5.3　低能耗预制系统的发展

图 6-47 所示为低能耗预制系统的发展及形式。

低能耗预制系统的功效可以达到 80％能量节省的目的。除此之外，带有房间面积扩张的低能耗预制件系统能增加附加单元。

现有建筑

传统翻新改造

传统低能耗翻新

预制翻新改造（斜屋顶）

预制翻新改造（平屋顶）

预制翻新改造（带有房间扩展）

图 6-47　低能耗预制件系统的发展及形式

(来源：EMPA)

6.5.4 低能耗预制系统的挑战

大型预制系统必须确保大型预制件与现存建筑物相匹配。为此，提出如下解决方案：

1）新构件需经精密测量；

2）新构件应允许有足够公差配合；

3）须 3D 测量与现存建筑物相匹配吻合。

图 6-48 所示为大型低能耗预制件与现存建筑物相匹配的措施举例：

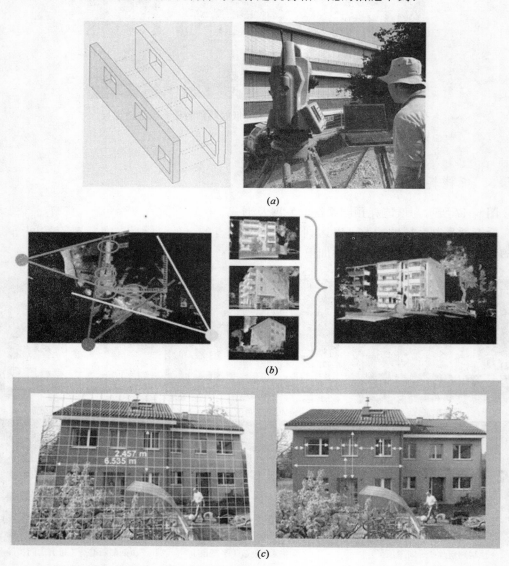

图 6-48 大型低能耗预制件与现存建筑物相匹配的措施

（a）3D 测量与现存建筑物相匹配；（b）依共同参考基点从 3 个方向激光扫描；（c）具有参考测度的数字摄影

（来源：TES-Energy Façade）

1）3D 测量与现存建筑物相匹配；

2）依共同参考基点从 3 个方向激光扫描；

3）具有参考测度的数字摄影。

6.5.5　低能耗预制系统的节能效果

表 6-1 罗列了瑞士苏黎世 Magnusstrasse 低能耗预制件系统改造工程节能效果。

瑞士苏黎世 **Magnusstrasse** 低能耗预制件系统改造工程节能效果［单位：**MJ/(㎡·a)**］　表 6-1

项目	改造前	改造后
采暖	600	230
热水	130	125
电	120	100
总计	850	455

（来源：K. Viridén）

图 6-49　瑞士苏黎世 Magnusstrasse 低能耗预制件系统改造工程

（来源：K. Viridén）

6.5.6　低能耗预制系统举例

6.5.6.1　丹麦哥本哈根 Velux 低能耗预制系统

图 6-50 所示为丹麦哥本哈根 Velux 低能耗预制系统简图。

1）与供热通风空调（HVAC）、热水制备和太阳能设施结合的预制系统模块结构；

集供热、制冷和通风分配系统的高热隔离特性建筑之大成；

2）整体组装，建造快速；

3）内部装修，风采宜人。

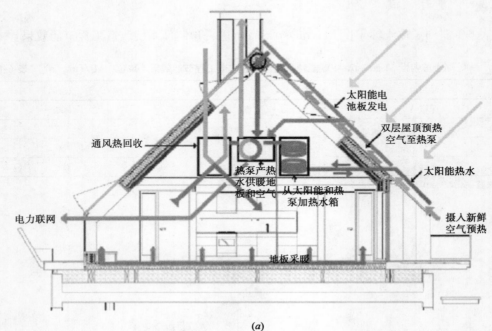

通风热回收

热泵产热水供暖地板和空气

从太阳能和热泵加热水箱

太阳能电池板发电

双层屋顶预热空气至热泵

太阳能热水

摄入新鲜空气预热

电力联网

地板采暖

(a)

(b)

(c)

图 6-50 丹麦哥本哈根 Velux 低能耗预制系统

(a) 供热通风空调（HVAC）、热水制备和太阳能设施结合的预制系统模块结构；(b) 现场整体组装；

(c) 室内一瞥

（来源：Soltag）

6.5.6.2 奥地利示范项目

图 6-51 所示为奥地利住宅示范项目：建于 1959 年的 3 住宅单元的旧建筑经低能耗预制翻新改造于 2008 年完成。

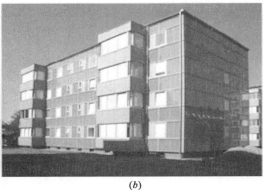

(a)   (b)

图 6-51 奥地利住宅示范项目

(a) 3 住宅单元的旧建筑（建于 1959 年）；(b) 低能耗预制翻新改造（2008 年完成）

（来源：AEE INTEC）

6.5.6.3 瑞士示范项目

图 6-52 所示为瑞士住宅示范项目：建于 1952 年的旧建筑（住宅）经低能耗预制翻新改造于 2009 年完成。

(a)　　　　　　　　　　　　(b)

图 6-52　瑞士住宅示范项目

（a）建于 1952 年住宅旧建筑；（b）于 2009 年完成经低能耗预制翻新改造

（来源：Miloni Architects）

6.6　建筑中的微型热电联产

6.6.1　建筑中的微型热电联产概述

IEA 的研究课题《建筑中微型热电联产及其相关能量技术分析》（Analysis of microgeneration & related energy technologies in building）给出了微型热电联产的如下要点：

1）小于 10kW；

2）住宅或商业用途；

3）燃料：天然气、液化石油气（LPG）、燃料油或生物质；

4）用途：供热及热水制备；

5）采用技术：内燃机、斯特林引擎、燃料电池、朗肯循环等。

图 6-53 所示为微型热电联产单元替代中央采暖系统中锅炉的安排及相关能量技术。

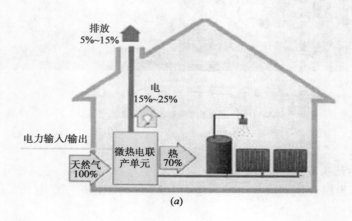

(a)

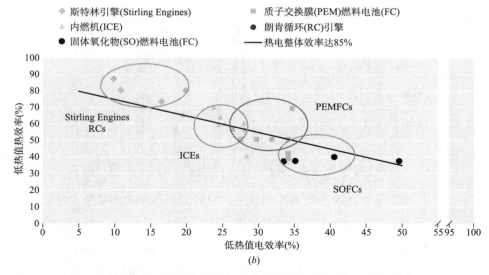

图 6-53 微型热电联产单元替代中央采暖系统中锅炉的安排及相关能量技术

（*a*）微型热电联产单元替代中央采暖系统中锅炉的安排；（*b*）所采用能量技术

（来源：Delta Energy and Environment）

如图 6-53（*b*）所示：所有技术均能达到热电整体产出效率 85%。

6.6.2 小型燃料电池和基于燃烧的微型热电联产用于住宅建筑的研究

微型热电联产用于住宅建筑（Residential cogeneration or micro-cogeneration and small-scale combined heat and power）是一项具有高效能量供应和良好环境收益的新技术。从单一燃料源并行生产电能和热能，如若设计和运行得当，能够减少原始能源（PE）消耗量和相应温室气体（GHG）排放。另外，这种小规模热电联产技术的区域性本质有减少电力传输损失以及缓解中央热电厂对尖峰负荷要求的承受。

6.6.2.1 住宅建筑电负荷

图 6-54 所示为 8 个国家超过 100 座独家住宅建筑每日电负荷统计平均值以及电器用途分类。

6.6.2.2 燃料电池微型热电联产设施硬件和软件模型

基于上述调查分析，IEA Annex42 提出如下燃料电池微型热电联产设施硬件和软件模型，如图 6-55 所示。

燃料电池可用燃料如表 6-2 所列。

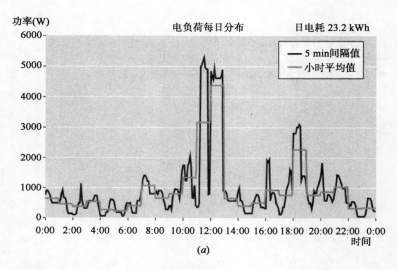

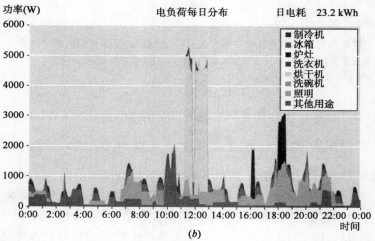

图 6-54　独家住宅建筑每日电负荷统计平均值及用途分类

（a）独家住宅建筑每日电负荷统计平均值；（b）电器用途分类

（来源：Ian Beausoleil-Morrison）

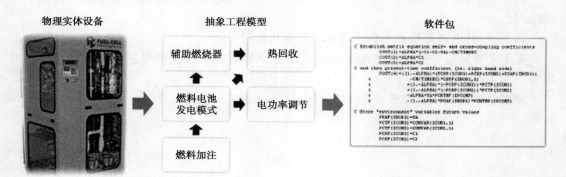

图 6-55　燃料电池微型热电联产设施模型

（来源：Ian Beausoleil-Morrison）

燃料电池可用燃料		表 6-2
燃料		
氢（H₂）		
碳氢化合物	甲烷 methane（CH₄），乙烷 ethane（C₂H₆），丙烷 propane（C₃H₈），丁烷 butane（C₄H₁₀），戊烷 pentane（C₅H₁₂），己烷 hexane（C₆H₁₄）	
醇	甲醇 methanol（CH₃OH），乙醇 ethanol（C₂H₅OH）	
惰性结构	二氧化碳 carbon dioxide（CO₂），氮 nitrogen（N₂），氧 oxygen（O₂）	

（来源：Ian Beausoleil-Morrison）

6.6.2.3 燃料电池微型热电联产设施在建筑中的集成

已经有燃料电池微型热电联产设施投放市场。对于电力供应的调控毋庸置疑；而热能供应（包括空间采暖和家用热水制备）在建筑中的集成，如图 6-56 所示分别为独家住宅和多家住宅各个能源的全年贡献。

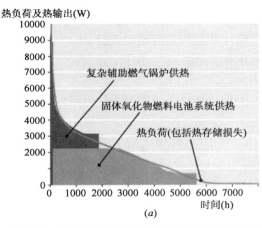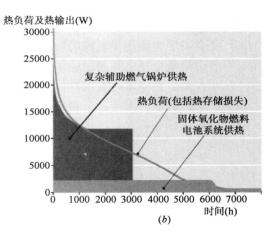

图 6-56　燃料电池微型热电系统供热全年效果分析
（a）独家住宅；（b）多家住宅
（来源：Dorer band Weber，2007）

6.6.3　微型热电联产用于住宅建筑的研究小结

历经四年的 IEA 研究课题给出"建筑物应用微型热电联产"的小结如下：

1）要精确评估建筑物应用微型热电联产设施要求对其电和热的瞬态特性、电和热的负荷、运行条件和情况有足够了解。

2）比较应用于建筑物微型热电联产设施需要精确定义并考虑：

① 当地的发电、传输和分配技术；

② 当地电网将来使用新技术及安装新设施的可能性；

③ 如今家用热水锅炉技术；

④ 当地家用热水锅炉将来安装新技术及设施的可能性；

⑤ 当地将来采用新空间供热技术及设施的可能性。

3）尽管应用于建筑物的微型热电联产设施（包括 SOFC，PEMFC 和 ICE）仅为早期市场产品，稳态发电效率可达 9％～28％，总体效率（电＋热）可达 55％～100％。上述情况尚未包括加热、通风和空调（HVAC）以及家用热水（DHW）制备系统所用电力。

4）初步评估应用于建筑物微型热电联产设施可以减少原始能源消耗 1％～14％（当地电网主要由水力或核电供应）；其他形式产电电网反增加 9％。所有这些情况导致 CO_2 排放增加 5％～43％不等。加拿大 SOFC 微型热电联产设施可使温室气体排放减少 22％。

5）分析表明：微型热电联产最高效率和温室气体排放减少发生于建筑物微型热电联产设施供应 80％～90％全年热量需求（其余由备用加热设施提供）之时。

另外，基于初步实践，提出如下建议供今后研究工作参考：

1）校验生产商的新一代建筑物用微型热电联产设施。

2）提供建筑物微型热电联产设施规模大小推荐指导。

3）将太阳能热和太阳能电结合进建筑物微型热电联产设施；微型热电联产系统采用生物质燃料。

4）进一步改善微型热电联产设施模型。

5）研究开发利用微型热电联产设施的热输出来驱动的制冷系统。

6）研究以更为满负荷工作的微型热电联产设施来替代热或电的存储。

7）研究将微型热电联产设施工作范围由建筑扩大到社区级非住宅建筑。

8）研究微型热电联产发电对低电压网的影响。

9）扩大调研更多国家建筑热负荷及电负荷平均统计以期改善微型热电联产设施性能。

7 区域供热制冷

7.1 区域供热系统简介

区域供热（district heating）有时亦称远程热（teleheating），是将由中央站产出的热量分配给住宅或者商业建筑用户满足其空间采暖和热水制备要求的系统。

比起局地锅炉供热，区域供热厂的能量利用效率更高而且控制污染的效果更好。一些研究表明：热电联产区域供热（District Heating with Combined Heat and Power，CHP-DH）是所有燃烧化石燃料发电厂排放 CO_2 最少而且最便宜的选择。

7.2 区域供热系统的组成

7.2.1 热量的产生

这里的热量常常由燃烧化石燃料的热电联产厂提供；但是越来越多地采用生物质燃料、地热资源和中央太阳热能，甚至核能，如图 7-1 所示。

(a)   (b)

图 7-1 中央产热站

（a）波兰 Wieluń 燃煤热厂；（b）奥地利 Mödling 生物质燃料区域热电厂

7.2.2 热量的分配

所产热量经热隔离良好的管路送至用户，如图 7-2（a）所示。区域供热管路系统由供给和返回线组成。通常管路铺设于地下，如图 7-2（b）所示；依照具体情况，亦有在地上敷设的。区域供热系统可以安装热存储器，如图 7-2（c）所示，以能够平抑尖峰热负荷要求。

较大区域供热系统还设有二级热分配站（district heating substation），如图 7-2（d）所示。

(a)

(b)

(c)

(*d*)

图 7-2　区域供热系统热量分配组成
(*a*) 区域热管（来源：德国 Tübingen）
(*b*) 左：安置区域热管的地下通道（来源：丹麦 Rigshospitalet 和 Amagerværket 之间）
　　右：连接校园新建筑和 CHP 系统的地下敷设热隔离管路（来源：英国 Warwick 大学）
(*c*) 热存储能力 2GWh 的热存储器（来源：奥地利 Theiss）
(*d*) 热功率 700kW 的二级热分配站（来源：Engineering Timelines）

区域供热系统通常采用的热量分配介质是水，也有用蒸汽的。采用蒸汽的优点在于其温度高，还可以用于工业目的。其缺点是：热损失大、CHP 效率低。热量分配介质大多不用热油（thermal oil），因为：太贵而且有环境问题。

典型的区域供热系统热损失为 10%。

7.2.3　热量的计量

热量的计量用热量表（Heat meter）。热量表基于测量温差和流量并集成计算而运作。热量表的成本相对较高，有人采用水表计量，还可以降低返回温度，提高产热发电的效率。

7.3　区域供热系统规模

区域供热系统规模大小各异：有涵盖整个城市的，如斯德哥尔摩（Stockholm）或弗伦斯堡（Flensburg）。这样的大系统采用大直径管路连接到直径 200mm 的二级管路；再连接到 25mm 三级管路，供热给 10～50 座住宅。

还有些区域供热系统规模仅供应一个村庄或者城镇的一个小区域需求，即仅通过二级管路和三级管路完成供热。

除此而外，也有些区域供热系统规模仅须三级管路供热给 20～50 户住宅。

7.4 区域供热系统的优缺点

7.4.1 区域供热系统的优点

比起单独供热，区域供热系统具有明显的优点：
1）鉴于热电联产，能量利用效率高；
2）大型燃烧器烟气容易清洁；
3）在存在工业余热的情况下，区域供热系统甚至不需燃料，完全没有环境污染。

7.4.2 区域供热系统的缺点

区域供热系统是一个长期的委托，不适合短期投资求回报的情况。

区域供热系统之于社区的优点——减少能量花费是通过利用余热废热达到；还可以减少用户自身采暖设施的投资。而区域供热网路和设备初始投资很高。只有以长期投资为目标且确保良好运行机制的投资商和运营商才能最终获利。

区域供热系统对于人口稀疏地区不适合。这是因为单位用户投资过高之故。

相比有几座高层建筑的区域，区域供热系统对于成片低矮建筑区域并不适合。

7.5 区域供热系统的应用

7.5.1 区域供热系统的多样性

鉴于不同城市的条件大相径庭，区域供热系统的建构没有统一规则可循。除此之外，每个国家有完全不同的原始能源承载体，因此供热市场安排各异。

7.5.2 欧洲区域供热系统举例

区域供热系统在欧洲起步很早：1954 年就有了 Euroheat & Power。

欧共体支持的 Ecoheatcool 项目分析组织了区域供热制冷市场。在法律框架内，2008 年 9 月通过的 EU-CHP Directive 颇具影响力。

7.5.2.1 法国里昂（Lyon）——为 416000 个居民供热制冷

此计划服务 40000 个家居、学校、办公室、商业中心、医院和社区建筑物，人口达 416000。采用家庭废物和天然气作燃料，提供热水、蒸汽、冷水和电力。

整个系统管线长 70km；整体容量 300MW；实现了高密度人口市区的能量利用最优化（图 7-3）。

7.5.2.2 匈牙利最大的热电联产厂

2011 年 9 月 13 日匈牙利最大的热电联产厂在 Szarvas 开工。

此计划提供 50MW 电功率，313MW 热能，由当地木材做燃料，促进地区发展（图 7-4）。

图 7-3　法国里昂南区

图 7-4　匈牙利 Szarvas 的生物质热电联产厂

7.5.2.3　英国伦敦 Pimlico 热电联产厂

英国伦敦 Pimlico District Heating Undertaking（PDHU）坐落于 River Thames 北岸。图 7-5 所示为该热电联产厂的热存储塔和车间。

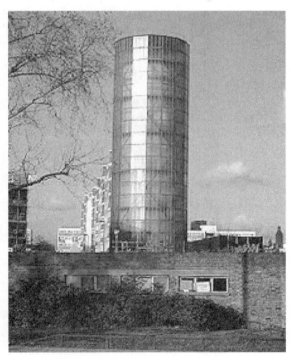

图 7-5　英国伦敦 PDHU 热电联产厂的热存储塔和车间

（来源：PDHU）

PDHU 热电联产厂提供 3.1MW 电力和 4.0MW 热能。

173

图 7-6 英国沃里克大学区域热电联产厂

7.5.2.4 英国沃里克大学（University of Warwick）区域热电联产厂

英国沃里克大学区域热电联产厂如图 7-6 所示。要点如下：

1）4.45MW 电功率；

2）吸收制冷机和冰储存用于空调；

3）热水存储器；

4）年节省 300000 英镑；

5）年减少 CO_2 排放 32500t。

7.5.2.5 丹麦 Copenhagen 中心区域供热

如图 7-7 所示，丹麦 Copenhagen 中心区域供热网络由 2 个主要供热网和 2 个较小的网组成。整个供热网络由位于 Copenhagen 的 Frederiksberg 操控中心计算机集中控制。热以及蒸汽主要由市内热电联产站（combined heat and power（CHP）stations）提供。

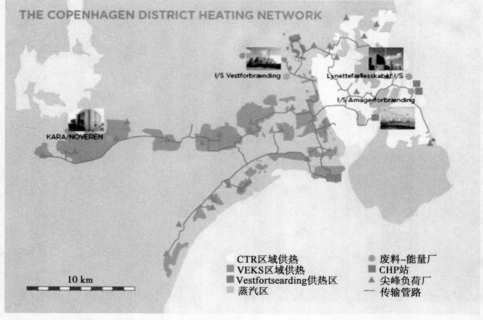

图 7-7 丹麦哥本哈根中心区域供热网络

（来源：Engineering Timelines）

ENTRAL KOMMUNERNES TRANSMISSIONSSELSKAB（CTR）是 Frederiks-berg，Gentofte，Gladsaxe，Copenhagen 和 Tårnby 5 个城市的市政联盟，在上图中以白色标识。CTR 运行主体、3 个升级泵站、14 个尖峰负荷厂和 26 个热交换站。

VESTEGNENS KRAFTVARMESELSKAB（VEKS）是由 Albertslund，Brøndby，Glostrup，Greve，Hvidovre，Høje-Taastrup，Ishøj，Roskilde，Rødovre，Solrød a 和 Vallensbæk 共 11 个 Copenhagen 郊区市政当局所属单位管辖，在图 7-7 中以深灰色标识。

COPENHAGEN ENERGY 是一市政公司为 Copenhagen 市提供热、气、电和水。

VESTFORBRÆNDING 是工作于废物管理领域的公司。在图 7-7 中以深蓝色标识。

7.5.3 北美区域供热系统

北美区域供热系统可分为两大类：

1）公共设施（institutional）；

2）商业设施（commercial）。

7.5.3.1 加拿大 Drake Landing 中央太阳能供热系统

加拿大 Drake Landing 区域供热系统虽然规模不大（仅 52 户住宅）；但是，由于中央太阳能供热，系统在北美鼎鼎大名。

2007 年 8 月开始运行的 Drake Landing 社区项目成为世界上第一个大规模跨季节地下热存储系统，可以太阳能提供社区空间供热 80％的要求。随着刚刚进入课题第三个年头的成功——朝着在第五个年头太阳能提供社区空间供热 90％的最终目标，前景看好。

图 7-8 所示为 Drake Landing 太阳能区域供热系统。

（a）   （b）

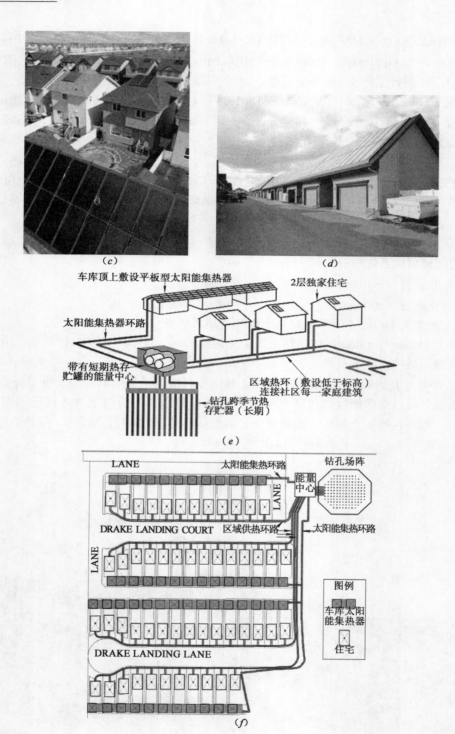

图 7-8　加拿大 Drake Landing 区域供热系统

(a) Drake Landing 太阳能社区 52 户住宅顶视（来源：National Resources Canada）；(b) 社区典型住宅正视（来源：DLSC, 2007）；(c) 太阳能集热器在每一个住宅建筑及停车库屋顶（来源：National Resources Canada）；(d) 车库前立面屋顶装平板型太阳能集热器（来源：DLSC, 2007）；(e) Drake Landing 区域中央太阳能供热系统功能简图（来源：DLSC, 2007）；(f) 太阳能社区顶视，住宅面对 2 条街道：Drake Landing Court 和 Drake Landing Lane（来源：DLSC, 2007）

Drake Landing 社区课题的完成使得每户住宅每年减少温室气体（GHG）排放 5t。

7.5.3.2　加拿大多伦多 Enwave 深湖制冷技术

加拿大多伦多 Enwave 提供包括深湖制冷技术的区域供热和制冷系统。利用深湖制冷技术，从安大略湖（Lake Ontario）取深层湖水经热交换器为市区内的建筑物供冷。

图 7-9 简单描绘了加拿大多伦多 Enwave 深湖制冷技术安排。

利用多伦多 Enwave 深湖制冷系统的主要结果：

1）供应 6800 个家庭夏季制冷；

2）比常规系统年节约用水 7 亿升；

3）每年约减少温室气体排放 79000t。

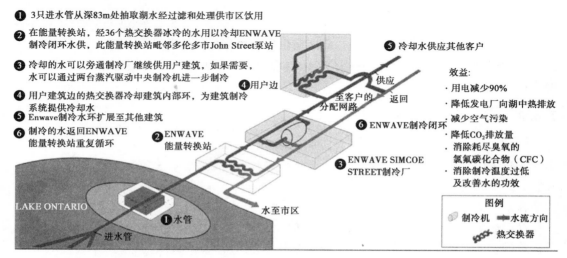

图 7-9　加拿大多伦多 Enwave 深湖制冷技术安排

（来源：NYC Global Partner）

7.5.3.3　美国圣保罗市区域供热和制冷系统

圣保罗市、明尼苏达州、美国能源部（U. S. Department of Energy）等公共和私人部门多方合作验证了：在寒冷多风的冬天，区域热水供热系统能成功运行。

图 7-10 展示了美国圣保罗市区域供热系统的燃烧生物质燃料的热电联产（CHP）厂。此 CHP 厂为区域产热 65MW、发电 25MW。

图 7-10　美国圣保罗市区域供热系统的燃烧生物质燃料的热电联产厂

（来源：District Energy）

圣保罗市区域供热系统提供市区及毗邻区域 185 座建筑物和 300 个独家住宅（约 3000000m²）以及 95 座建筑物（约 1900000m²）提供制冷服务。

制冷系统包括 2 座 6500000 加仑制冷水罐，储存在夜间非尖峰负荷时间工作的制冷机制冷量供白天用。客户能享受稳定、可靠和能量高效的供热和制冷服务。

圣保罗市区域供热及制冷系统是美国最大也是最成功的利用可再生能源的区域供热及制冷系统。

7.6 区域制冷系统

7.6.1 区域制冷系统简介

与区域供热相反的是区域制冷。和区域供热的热分配系统类似，区域制冷系统将制冷水通入建筑物（比如需要制冷的办公室）。制冷源可以是海水，这比用电驱动压缩机制冷便宜得多。

7.6.2 区域制冷系统举例

7.6.2.1 加拿大多伦多（Toronto）Enwave 深湖制冷

此技术已经在 7.5.3.2 节有介绍，不再赘述。类似方案已有多家。

7.6.2.2 瑞典松兹瓦尔（Sundsvall）雪制冷系统

在松兹瓦尔，制冷负荷大约 2MW，年耗能 1500MWh。

这是一个自然的选择。原来松兹瓦尔医院旁边就有一个用于存储该区域街道积雪的大坑。这样一来，雪制冷系统天人合一地没有对环境任何负面影响。

此 7m 深大盆形结构在冬天存满了雪。大盆形结构有防水沥青隔热层防止任何从下方可能的热量来袭。春夏之时，大的雪存储盆有木片层覆盖——防止雪由于外界气温升高而溶化。

如若冬天降雪少，采用一系列雪炮制雪以填满这 7m 深的盆形结构。当然，用雪炮制雪比天然制雪会花费更多能量。

瑞典松兹瓦尔的雪制冷系统，如图 7-11 所示。

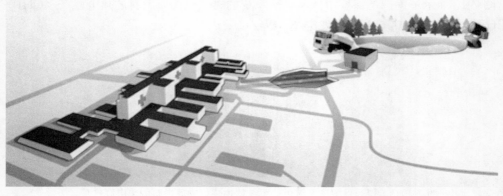

(a)

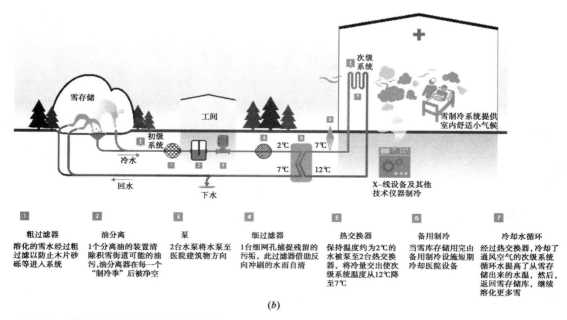

(b)

图 7-11　瑞典松兹瓦尔区域雪制冷系统

（*a*）松兹瓦尔区域雪制冷系统示意；（*b*）雪制冷工作原理

（来源：Kjell Skogsberg & Bo Nordell）

比起常规制冷系统，瑞典松兹瓦尔区域雪制冷系统节能效果显著：降低电耗 90％。

8 零能耗建筑探索

8.1 零能耗建筑简介

8.1.1 零能耗建筑概述

零能耗建筑（zero-energy building，）有时亦被称为"零纯能耗"（zero net energy（ZNE）building，Net-Zero Energy Building（NZEB），or Net Zero Building）建筑，是一座年平均零纯能耗且零纯碳排放的建筑。零能耗建筑可以脱离能量供应网，而局地收获能量，诸如通过太阳能和风能技术；另外，特别利用高效供热通风和空调（HVAC）以及照明技术减少全方位的能量需求。

8.1.2 零能耗建筑的现代进展

现代的零能耗建筑的发展之所以成为可能，重要的因素不仅在于新的建筑结构技术；还在于经传统和实验建筑的学术研究，使收集有关能源性能的数据更加精确。今天先进的计算机模型可以从开始就显示出工程设计的效益。

能量的使用，可以依不同方式得以测量（有关成本、能源及碳排放），不论用的定义如何，依照不同的观点达到收获能源和节约能源均很重要；以期实现能量平衡。虽然零能耗建筑在发达国家也并不普遍，但却日益赢得青睐并被普及。零纯能耗的探索具有减少二氧化碳排放量的潜能，而且减少对化石燃料的依赖。

一座能源使用接近纯零的建筑物，可被称为"近零能耗建筑"（near-zero energy building）或"超低能耗的房子"（ultra-low energy house）。产生过剩能量的建筑物，在一年部分时段可以被称为"正能源建筑物"（energy-plus building）。

如果一座建筑物位于仅在一年中的部分时段需要供热或者制冷的区域；而且可提供的生活空间保持较小，实现零能耗就比较容易。

8.1.3 零能耗建筑的定义

尽管共享名称"零纯能耗"（zero net energy），有几个定义在实践中的含义，特别是在北美和欧洲之间，尚存差异。

现场零纯能耗使用（Zero net site energy use）：在这种类型的"零纯能耗"（ZNE），现场可再生能源提供的能量相当于建筑使用的能量。在美国，"零净能耗建筑"一般指的是这种类型的建筑。

纯零源能耗使用（Zero net source energy use）：在这种类型的"零纯能耗"（ZNE）建筑，产生的能量还包括用于传输能量给建筑的能耗。因此，比起现场零纯能耗使用必须产生更多的能量。

净零能源排放（Net zero energy emissions）：除美国和加拿大以外，"零纯能耗"（ZNE）建筑通常被定义为一个能源的零净排放量，也称为零碳建筑或零排放建筑。根据这一定义，以现场或异地化石燃料的使用所产生的碳排量衡量现场可再生能源生产量。尚有其他争辩：是否来往运输的碳排放量也应计算在内。

零净能源花费（Net zero cost）：在这种类型的建筑中，能源采购花费平衡现场自产电力销售收入。这种地位取决于公用事业政策。

场外纯零能耗使用（Net off-site zero energy use）：建筑物采购的能源100%来自可再生能源，即便并非局地生产。

脱离能量网（Off-the-grid）：这种类型的"零纯能耗"（ZNE）建筑物具有自产可再生能量及能量存储的能力（即便风静止而且没有阳光照射情况），没有连接任何外部能量网路——一座能量自给自足的房屋。

8.2 设计和建造零能耗建筑

8.2.1 零能耗建筑的设计

减少建筑物能耗成本效益最高的一步通常产生于设计过程。

8.2.1.1 零能耗建筑设计要旨

为了实现高效利用能源，零能耗建筑设计与传统建筑实践有很大区别。成功的零能耗建筑设计师通常结合测试可无源利用太阳能的时间或者自然条件，确定局地现场可利用资源的评估工作：太阳光和太阳热、主导风向、建筑物地下制冷源以及尽可能少地利用机械手段提供采光和稳定的室内温度。零能耗建筑（ZEBs）设计的最优化，通常无源利用太阳能热增益、遮阳以及与建筑热质量相结合得以平抑全天昼夜温差的变化；并利用在大多数气候条件下，强化热隔离和健全建筑围护结构的密封。这些技术的实现如今均不成问题。

8.2.1.2 零能耗建筑设计的计算机模拟

复杂的三维计算机模拟工具，可用来模拟建筑物将如何执行一系列设计变量：建筑物朝向（包括相对于太阳的每日和季节性的位置定格）；窗户和门的类型和布局；悬檐深度；建筑构件热绝缘类型和热传导值；空气密封；采暖、制冷、照明和通风其他设备的效率；以及当地的气候。这些模拟帮助设计师们预估建筑物将如何执行其功能；作出建设成本效益分析或者更合适的经济和金融模型；探索生命周期评估。

8.2.1.3 零能耗建筑设计采用的主要措施

零能耗建筑有显著的节能功效。至关重要的供热和制冷负荷可以通过使用高效率供热和制冷设备、强化热隔离性、高效率的窗户、自然通风和其他技术得以降低。这些特征依建筑物所在地的不同气候区而异。热水制备的负荷可以使用节水装置、废水循环、太阳能热水热回收以及高效率的水加热设备减轻。此外，天光（skylites）或光导管（solar-tubes）可以提供100%的日间照明。夜间照明使用1/3或更小功率的灯和LED照明。尽量选择节能电器，减少无功负荷或备用电源。

零能耗建筑设计往往还可以使用双重用途能源，包括白色家电，例如，使用冰箱的排气加热生活用水；通风和淋浴排水热交换器；以办公设备、计算机服务器以及身体的热量来加热建筑；即传统建筑物可能会排出的热量会再被利用。

零能耗建筑设计会应用带热回收的通风、热水热循环、热电联产、吸收式冷水机组单元设施。

8.2.2 零能耗建筑成功 5 步骤

零能耗建筑的成功是一个系统工程：建筑围护结构、窗户、供热通风及空调（HVAC）、热水、电气的设计和建造，以期最大限度地提高能量利用效率。

下面简要分析其主要部件（详细请参阅本丛书第一册《无源房屋——能量效益最佳建筑》）：

（1）设计和朝向：屋顶出挑、窗户大小和位置、整体住宅的形状都很重要。还须考虑：盛行风方向和管理太阳能增益。如果使用太阳能集热器，确保屋顶的一部分朝南。门廊、车库、树木和附近建筑物的安置均有影响。

（2）建筑围护结构的热隔离和密封是关键。

1）高 U 值热绝缘：作为零能耗房屋，提供一个连续完整的外围护结构高 R 值热隔离层。地板，墙壁和天花板均加装或喷涂具高热绝缘 U 值的隔热层。封闭所有可能的孔洞、裂缝，杜绝任何穿透密封的空间。

2）混凝土热质量：建立混凝土外墙和地板。混凝土将平缓温度波动，甚至可以通过地基将地几乎恒定的温度"传播"至整个住宅以平抑季节性温度波动。

3）空气密封结构：要满足墙、门和窗的空气泄漏标准。屋顶和顶棚更需要特别注意。

4）门窗：使用三重隔热玻璃窗和良好的热绝缘的双层外门；使入射的太阳光透过窗户的无源热增益将能覆盖约 40% 的热损失。天窗可以减少人工照明的要求，但需使用一个高品质双层隔热玻璃产品。

（3）提高供热和制冷的效率：供热和制冷系统需要与高效的建筑围护结构仔细匹配。

1）条件许可，购买尽可能高效的设备。

2）利用地球温度稳定的优势：在空间和成本条件允许的情况下，安装地源热泵或地/空气热交换器。

3）地板辐射采暖：地板辐射采暖可提高舒适性、加热均匀、使用远低于传统系统的能量并且降低噪声。

4）优化管道：适当设计往返管道；密封完备；仅在空调空间中安排运行管道。

5）备用冷却方法：在适当的情况下，考虑替代，如通风或蒸发制冷系统。

（4）减少全部能源需求。

1）安装高效照明。

2）安装节能电器：特别是冰箱、洗碗机和洗衣设备。

3）重视节省热水需求：如用低流量淋浴器和节水水龙头。

4）在不使用时及时关闭电灯、电脑、家电。

（5）安装能量产生装置，比如太阳能设施等。

8.2.3 零能耗建筑的能量收获

零能耗建筑需要有能量收益供建筑物的电力、采暖或制冷能量需求。对于住宅，有各种微型产能技术可为建筑物提供热能和电能：太阳能电池或风力涡轮机可以发电；生物燃料或与跨季节热存储相连的太阳能集热器可供空间采暖。然而，为了应付能量需求的波动，零能耗建筑仍需连接到电网。自产电力有盈余时，送入电网；不足时，由电网供电。当然，也有完全能源独立的其他建筑物。

能量收益应取材当地；结合规模例如，房屋组、区或村才是最常见、更高效率成本和资源利用率。一个这样的本地化的能量收集的能源效益可消除电力传输和分配损失（亏损额约 7.2％～7.4％）。在商业和工业应用方面，应尽可能地依据地形安排，从中受益。要达到这一目的，地热、微水电、太阳能、风力资源均要求地理位置的当地优势。

零能耗的街区，如在英国的贝丁顿生态村（BedZED）发展，和那些在美国加利福尼亚州和中国的迅速蔓延，可能使用分布式发电计划。这可能包括在某些情况下的区域供热、社区冷却水、共享的风力涡轮机等，目前的计划是使用 ZEB 技术构建整个离网或净零能源城市。

8.2.4 零能耗建筑中能量收获与节能的关系

在节约能源和分布式收获可再生能源（太阳能和风能）之间的平衡成为设计零能耗建筑的关键。大多数零能耗住宅使用两种策略的结合。

自 20 世纪 80 年代，无源太阳能建筑设计和无源房屋已经证明：在没有有源能源收获的情况下，可解决 70％～90％的采暖能源消费。而在许多地方，传统的低效建筑屋顶上加入昂贵的太阳能光伏板，单位千瓦小时只能减少 15％～30％的外部能源的需求。只有光伏发电更具成本效益时，对电力的整体需求才能明显降低。

8.2.5 零能耗建筑中使用者的行为

在建筑中（包括零能耗建筑），能耗与居住者的行为息息相关。在美国的统计表明：同样的房屋，居住者的行为可使能耗相差 2 倍之多。家用电器、照明和热水的使用均有大相径庭的可能。在零能耗建筑，规范居住者的行为应被提上日程。

8.3 零能耗建筑的优缺点

8.3.1 零能耗建筑的优点

1) 使建筑业主摆脱未来能源价格上涨的威胁；
2) 增加舒适性，室内温度更均匀；
3) 降低对日益紧缺的能源的需求；
4) 由于提高能源效率，降低总拥有成本；
5) 减少总体月净生活费用；
6) 提高能源供应可靠性；

7）更高的转售价值，使潜在业主的需求更多；

8）未来的立法限制包括碳排放税/刑罚可能会导致低效的建筑物昂贵改造。

8.3.2 零能耗建筑的缺点

1）建筑业主初始投资高；

2）很少设计者和建设者有建造零能耗建筑的经验和技能；

3）随着可再生能源价格日益降低，会导致能源效率投资的资本价值下滑。比如新的光伏太阳能电池设备技术的价格每年以大约 17% 的幅度一直在下降，这将减少投资在太阳能发电系统的资本价值；

4）高初始投资难以转移至被考虑更高的转售价；

5）可再生能源自发电却难以减少电网总容量；

6）采用可再生能源不易填补供热和制冷能量缺口；

7）捕捉太阳能受限于地点、朝向和环境。

8.4 零能耗建筑与绿色建筑

8.4.1 零能耗建筑和绿色建筑的定义比较

绿色建筑物和可持续建筑学的目标是更高效地利用资源和减少建筑物对环境的负面影响。零能耗建筑在其生命周期内达到绿色建筑一个最为关键的目标——完全不用外部能量或者非常大地降低能耗与温室气体排放。而零能耗建筑可能会或者不会被认为在所有领域都是"绿色"：如减少废物；使用回收建材等。然而，"零能耗"或"纯零能耗"建筑物往往比起某些为了满足使用者的习惯和要求而需要输进能源和/或化石燃料的绿色建筑对生态环境的影响低得多。

8.4.2 相比绿色建筑而言零能耗建筑的特性

鉴于设计的挑战和对局地现场的敏感性，零能耗建筑物被要求高效地以可再生能源（包括太阳能、风能、地热能等）来满足建筑物和使用者的能源需求。因此，设计者必须采用整体的设计原则，并充分利用免费的而且自然造就的资源，如无源利用太阳能所要求的朝向、自然通风、日光照明、热质量和夜间制冷。

8.4.3 认证

许多绿色建筑认证计划并不要求一座建筑是纯零能耗，仅要求减少能源使用低于法律规定最低的多少个百分点。由美国绿色建筑理事会和绿色金球奖开发的能源与环境设计领导（Leadership in Energy and Environmental Design，LEED）认证的检查表格仅仅涉及测量工具，而不是设计工具。没有经验的设计师或建筑师可能恰恰满足目标认证级别的几个目标点，即使这些点可能不是对于一个特定的建筑物或适合当地气候的最好设计选择。

8.5 零能耗建筑举例

8.5.1 英国伦敦贝丁顿零能耗开发项目

8.5.1.1 BedZED 概述

贝丁顿零能耗开展（Beddington Zero Energy Development，BedZED）环保项目住房发展项目坐落在伦敦萨顿区。由 Bill Dunster 领导的设计队伍诠释了一个更可持续的生活方式。此建筑建于 2000~2002 年，有 99 个住宅，1405m² 的工作空间。该项目已经获得十余个重大奖项。

图 8-1 展现了 BedZED 的外观。

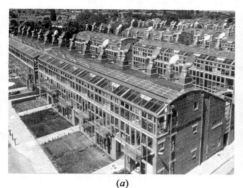

(a)　　　　　　　　　　　　　　　　　　　(b)

(c)

图 8-1　贝丁顿零能耗发展（BedZED）
（a）全貌；（b）街景；（c）屋顶
（来源：Arup）

8.5.1.2 BedZED 建筑物理

此项目建筑结构的能量高效，超越了英国和欧洲标准：比如外墙由内部混凝土砌块、300mm 岩棉热隔绝层和外表砖层组成，使得外墙总体 U 值达 0.11W/(m² · K)。

图 8-2 所示为外墙砌体结构。

图 8-2 外墙砌体结构

（来源：P. F. Smith）

屋顶安排 300mm 聚苯乙烯泡沫隔热层，总体 U 值达到 $0.1W/(m^2 \cdot K)$。地板有 300mm 膨胀聚苯乙烯（EXP），同样总体 U 值达到 $0.1W/(m^2 \cdot K)$。窗户为三层隔热玻璃中间充氩气、木窗框并具总体 U 值 $1.2W/(m^2 \cdot K)$。

外墙内部混凝土砌块和外部砖砌层提供了决定性的建筑热质量块，得以冬季保暖并防止夏天过热。

一般建筑物 40% 采暖热量通过缝隙损失掉。BedZED 高度重视建筑物密封，可在 50Pa 空气交换率达 2/h。

BedZED 的初衷——大部分使用再循环材料包括钢材和木材。实际上它们绝大部分来自 35mile（英里）半径之内。作为采用低敏感材料策略的一部分，全部材料不含挥发性有机成分（Volatile Organic Compounds，VOCs）。

鉴于 BedZED 密封良好，通风显得特别重要。设计团队选择由屋顶通风帽驱动热交换的无源自然通风，如图 8-1（c）所示。装在屋顶通风帽上的轮叶可确保旋转吸入空气总是逆风，而排出空气总是顺风。热交换器可以从排出空气中汲取 70% 的热量。

南立面玻璃窗几近南墙面积的 100%，获得无源太阳能热增益，如图 8-1（b）所示。

上述建筑物理的安排综合示于图 8-3。

8.5.1.3 BedZED 能量效益

依照英国政府节能测量评价标准，比起普通住宅建筑的采暖花费，BedZED 减低了 90% 之多。整体能量需求也减少了 60%。

BedZED 还可以节省总体家庭用水 50%；热水 57%；电能 25%；居民用车里程的 65%。比如一般厕所冲水每次 9L，而 BedZED 2 次冲水仅 3.5L。

8.5.1.4 BedZED 生态建设全貌

图 8-4 所示为 BedZED 生态建设的全貌。

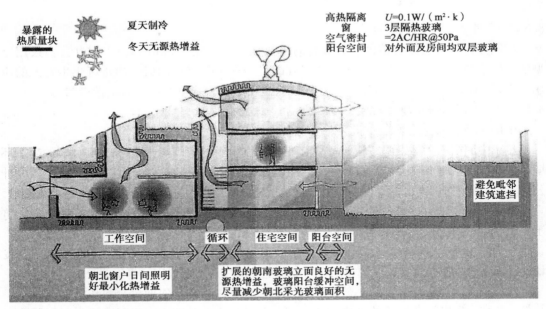

图 8-3 BedZED 建筑物理的综合安排

（来源：ARUP & BRE）

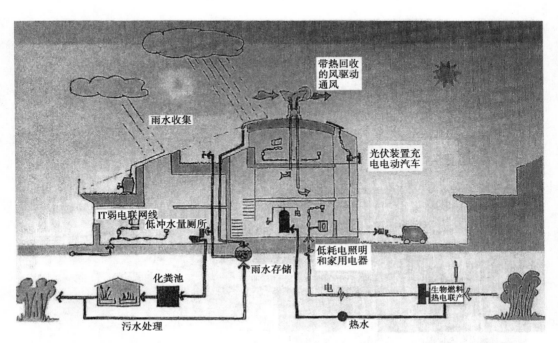

图 8-4 BedZED 生态建设全貌

（来源：ARUP & BRE）

8.5.2 中国零能耗建筑开发项目

8.5.2.1 中国广州珠江大厦

中国广州珠江大厦可谓世界上最高的零能耗大厦。此 309m 高共 71 层办公会议用巨型建筑提供使用面积 212165m² 的零能耗建筑已经在本丛书第四册《建筑可再生能源的应用（二）》第 7 章第 7.8.2.3 节 "广州珠江大厦" 中有较详细介绍，敬请读者参阅。

8.5.2.2 中国上海东滩生态城

中国上海东滩生态城——世界首个低碳排放生态城。

位于中国第三大岛崇明岛的上海市东滩地区，拥有得天独厚的自然条件和优良的生态环境。目前，由上海市政府控股的上海实业（集团）有限公司正联手世界著名的英国建筑设计公司 Arup 着手东滩地区的开发，准备把该地区建设成为世界上第一个可持续发展的生态城。

据了解，东滩生态城一期工程面积 630hm²，将提供 2 万人的住房与办公场所，预计将于 2020 年左右完工，建成后可容纳 8 万居民，全部工程完工后，总共可容纳 50 万居民。

未来的东滩生态城将实现低碳无污染排放，这是该地区开发的一个亮点。根据项目开发计划，未来的东滩城将实现能源自给，所有住宅和商用建筑都采用可再生能源。

按照初步总体规划，东滩生态城包括一座 33MW 用米糠等农业废弃料作燃料的发电厂并与一个利用发电厂余废热的区域供热系统一起满足生态城的水、空间采暖和空间制冷的需求。

图 8-5 所示为东滩生态城总体规划及概念性方案图景。

图 8-5 东滩生态城总体规划及概念性方案图景

（来源：ARUP/Graham Gaunt）

8.5.3 美国加利福尼亚州 IDeAs Z2 零能耗建筑开发项目

8.5.3.1 IDeAs Z2 项目简介

美国加利福尼亚州 IDeAs Z2 Design Facility 完成了一项基于高能量利用效率概念、漂亮、舒适而且功能上佳的建筑设计。

采用屋顶太阳能光伏模板，此座建筑物被设计成自产超过所消耗的电能，摆脱依赖化石燃料来发电、采暖和制冷。

IDeAs Z2 项目是美国第一个达到美国"Z2——纯零能耗纯零碳排放"（net zero energy，zero carbon emissions）能量高效利用标准的建筑。

将此建筑作为公司总部，IDeAs Z2 展现了如何利用可持续设计技术来同时达致：高能量利用效率和使用者的舒适。

图 8-6 所示为 IDeAs Z2 内部和外观一瞥。

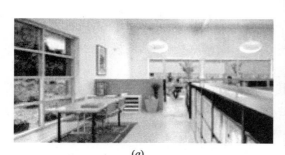 

(a) *(b)*

图 8-6 IDeAs Z2 内部和外观

（*a*）内部；（*b*）外观

（来源：2010 IDeAs）

8.5.3.2 IDeAs Z2 设计措施要点

IDeAs Z2 建筑具有一个完全集成的，与电网并联以及净计量的光伏发电系统；其规模大小以提供 100％的净能源需求为前提并且可以为减少全球变暖作贡献——碳排放为零。

为支持这一目标的实现，还采用其他措施：

1）收获日光以减少电力照明的能源消耗；

2）为建筑使用者提供外部景观；

3）使用感应器关掉在无人使用房间的照明灯；

4）利用高效办公设备和创新的自动控制以尽量减少设备负荷；

5）地源热泵＋高效暖通空调系统＋辐射加热和冷却的地板；

6）更好的建筑围护结构热隔离；

7）安装监控设备，收集整个建筑系统能量性能数据。

9 可持续建筑电力系统的集成控制

9.1 微网简介

9.1.1 微网概述

微型电网（Microgrids）简称微网，可能是未来的电力系统之一。它是解决可再生能源技术（Renewable Energy Technologies，RET）在建筑中应用，即分布式能源（Distributed Energy Resources，DER）所必需，特别是部署小规模的热电联产（CHP）和小规模可再生能源（RES）。

按照美国能源部的定义："一组相互关联的负载与在明确定义的电气边界之内分布式能源作为一个单一的网络可控的实体连接，既可以工作在与电网连接的模式；也可以从电网断开呈岛屿模式。"

微网联结微型燃气轮机、燃料电池、光伏电池、太阳能集热器阵列和风力涡轮机装置；同时，存储器、负荷控制单元、功率和电压调节以及热回收装置亦需分别与微型电网连在一起。

本章介绍在世界各地的微电网领域的几个装置以及微网在成本、效率、环境效益和安全等方面的要求。市场对 DER 技术的接受程度持续上升，正产生对整合、控制和优化运行的重大期盼。发展微网会给分布式发电和可再生能源提供更多机会，并将对农村电气化方式产生重大影响。

9.1.2 可持续能源微系统

现今，世界供电系统都朝着智能电网（Smart Grid）发展，即一个网路不仅有线路、开关和变压器；还有电子学、信息和通信加入其中以遥控和处理一些电参数。然而，分析表明：智能电网（Smart Grid）通常是从输配电者的角度来考虑投资的，即由一个自上而下（top-down）严格管理模式的探索。Smart Grid 由电网控制技术改革入手，着力于对有源和无源用户的必然效应。

9.1.2.1 可持续能源微系统的概念

最近，意大利有人提出一种"可持续能源微系统"（Sustainable Energy Microsystem，SEM）的概念。可持续能源微系统强化了的供配电者和用户之间的交流和互动，有助于能量系统运行高效；更突出投资的效益；使网络容量的发挥和供电质量最佳化。

此可持续能源微系统（SEM）一般包括如图 9-1 的能量子系统（Sub-System，SS）：

SS1：城市轨道交通，如地铁；

SS2：电动车辆（Electric Vehicles，EV）插入电网充电；

SS3：终端用户及能量利用高效建筑物；

SS4：可再生能源如光伏（PV）发电及热电联产（CHP）单元。

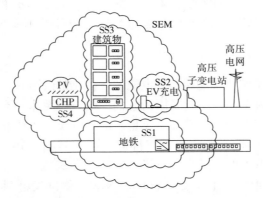

图 9-1　可持续能源微系统（SEM）

（来源：M. C. Falvo & L. Martirano，2011）

9.1.2.2　可持续能源微系统的特点

SS1：之所以将城市轨道交通地铁列入可持续能源微系统是企图将地铁制动能量回收并经静态能量存储的最佳化将整体能耗降低 20%～30%。

SS2：电动车辆（EV）插入电网充电是一个颇具争议的话题。它的引入主要是为了化石燃料耗尽时准备。实际上，充电基础设施的开发及电力供应的标准化成为电动车辆普及的最大壁垒。主要利用可再生能源的微网将来会对充电基础设施的建设有促进作用。

SS3：在欧洲，建筑能耗占到全部能耗的 40%。高效利用能量的建筑设计，在本丛书前面涉及众多技术的集成。这里，更强调局地热电联产和尽可能多地利用可再生能源。现在已经可以使建筑控制高效并且最佳化利用能源。

SS4：开发可再生能源如光伏（PV）发电及热电联产（CHP）单元往往受到现行某些不同用途建筑物组合规则的禁止。实际上，容量几十 kVA 的可再生能源如光伏（PV）发电及热电联产（CHP）单元常常就能覆盖这样的住宅、商用和公共建筑物组合的电能需求。当然，这种需求仍在不断扩大。

9.2　微网应用实例

9.2.1　美国微网应用

一种崭新的发电方法已经出现。研究，开发和示范（RD&D）正努力促进"微网"的部署，允许多个消费者连接微源（microsource）的电力供应上，以提供网络的总电力和热能需求。微网纳入替代能源和通过高效余热回收来供热、制冷或热水制备（热电联产）成为理想的选择。

微网正为企业经营提供巨大的利益、质量和可靠性，实现超越常规电网的水平并成为关键应用的理想选择。据美国国家电力实验室（National Power Laboratory），美国企业每年因电源中断干扰使发生电脑故障达 289 次，损失 290 亿美元。微型电网将有助于纠正这些情况。使用单一主电网的连接点，系统将无间断地开停公共电网供电或当电压骤降时运行于在"孤岛"模式而使系统的关键电子部件不受损害，确保系统不停顿地运作。

9.2.1.1　燃料电池微网

燃料电池是不用燃烧将化学能转换为电能的设备，是微网的一个理想电源；它超过了所有替代技术，如风力和太阳能。这是因为它们产电昼夜无休，不受干扰，适合成为计算机级的电源。要延长其经营期限，只需一个稳定的氢供应。燃料电池也超越了内燃机和外燃机，因为它们安静、无噪声而且无任何排放，可安置在室内。燃料电池的效率高达 40%～60%，采用热电联产时，效率还可增加至 80%～95%。

图 9-2 所示为底特律 Next Energy Center（NEC）微网发电 5kW 质子交换膜（PEM）燃料电池。

图 9-2　底特律 Next Energy Center 微网发电 5kW 质子交换膜燃料电池
（来源：Next Energy Center）

目前在美国 Next Energy Center，有一个微网在使用燃料电池。底特律电力馆业务衔接设施设有一个微电网提供整合、替代能源技术的测试和验证的平台。大部分生产的电力用于为 NEC 大厦供电，获得的余热用于热水和冷水制备。电力生产也不是一成不变的，取决于进行的示范项目：有时，设施用底特律当地电网 DTE 能源。在其他时间，可能用被检测替代能源技术发电供应。中心于 2005 年开放以来，示范功能定期由 4 个 5kW 质子交换膜（PEM）燃料电池发电。

Next Energy Center 是美国联邦能源管制委员会认证合格的发电设施，可以与电网并联运行或依岛屿模式运行。网间结算规定可以让 Next Energy Center 提供电力给附近的 2 个建筑物：一座在科技园中；另一座在附近韦恩（Wayne）州立大学校园内。这些互连将促进分布式发电的普及，使其设施超越当前 RD&D 的作用。

Next Energy Center 的下一个项目是美国国防部部署移动微网发电系统。该项目侧重于电子电源控制和调节系统，将接受不同的发电资源，包括可再生能源技术，如燃料电池。这种微网将能够提供清洁和稳定的电力等于或优于北美电网质量，并会减少常规发电燃料的消耗。

9.2.1.2 小电网整合绿色能源技术

美国加利福尼亚大学，圣迭戈分校 1200acre（英亩）的校园内有海洋研究所、实验室和其他研究设施等大功率电力需求，俨然一个小城市：医院、游泳池、办公室、宿舍……学校的微网项目的心脏是一个由两个 13MW 的天然气为动力的涡轮机供电的热电厂。虽然涡轮机发电，余热蒸汽用于满足大学全部供热和制冷能量需求的 95％左右。到了晚上，冷却水储存在一个 87ft（英尺）高，400 万 gal（加仑）的储热水箱。白天，一个复杂的管道连接在校园的每一个大型建筑网络，提供空调冷冻水，循环水通过冷却塔，然后返回到贮罐。大学估计，该系统节省电力成本每月近 700000 美元。

虽然加州大学圣迭戈分校的中央热电厂给校园微电网项目打下一个坚实的基础，学校仍为新能源发电、能量管理和存储技术以及开辟更加智能化更加高效的电网而努力。

9.2.1.3 智能光伏小电网技术

加利福尼亚大学，圣迭戈分校 1.2MW 的光伏（PV）模板安装如图 9-3 所示：上面

图 9-3　加利福尼亚大学，圣迭戈分校 1.2MW 的光伏（PV）模板安装
（来源：POWER）

顶视建筑屋顶安装；下面是吉尔曼停车（Gilman Parking Structure）屋顶模板安装（左边为有部分阳光照射，右边云全部遮日）。

在阳光和阴影之下，吉尔曼停车处拥有的195kW太阳能电池板输出会有所不同。分校的研究人员对太阳光进行预测，这将有助于太阳能发电技术。从加州大学圣迭戈分校设置16个气象观测站，安装的太阳能光伏模板共输出1.2MW。经气象观测站监测电网，甚至达到秒级时间间隔与面板发电量相关的太阳辐射量的变化。

图9-4所示为在一个云高变动时期，在从加州大学圣迭戈分校（UCSD）的依单一光伏传感器太阳辐射输出的变化（黑线）。假想的1.2MW中央光伏电站（绿色）变异减少，而实际分布式1.2MW的光伏发电系统（红色）的变异还要小。绿色和红色的输出依相对单位显示以方便比较。

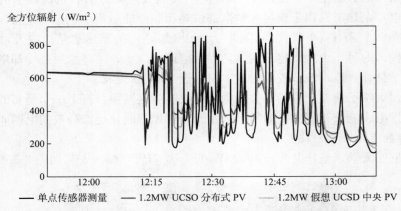

图9-4　云高变动时期，在从UCSD依单一光伏传感器太阳辐射输出的变化（黑线）；假想1.2MW中央光伏（绿色）变异减少；分布式1.2MW光伏系统（红色）的变异更小
（来源：I. Patringenaru）

UCSD正在研究多点部署气象观测站预报太阳辐射而自动调节安置微网存储单元以及其他发电设施，补偿光伏系统由于日照引发输出不稳定性，从而提高微网或小电网的质量。

9.2.1.4　可再生能源微网综合检测

美国航空航天局（NASA）阿莫斯研究中心建立了可再生能源微网综合检测装置（图9-5），以期造就对可再生能源微网发电、存储进行统一检测平台；研究新可再生能源元件系统集成以及网上评估可再生能源微网。

此可再生能源微网综合检测装置包括如下元件：

1) 能量发生器：跟踪光伏矩阵6×180W＋跟踪器；风能透平400W；
2) 能量存储器：电池400Ah SLA；电动车（EV）；
3) 能量转换器：逆变器；气象观测站；
4) 检测仪器：IV跟踪装置；风速计；太阳辐射计；数据采集器。

(a)

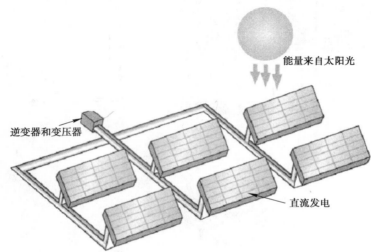

能量来自太阳光

逆变器和变压器

直流发电

直射日照强度计
(NIP)

6块
180W PV
模板

精准
光谱辐射
强度计
(PSP)

(b)

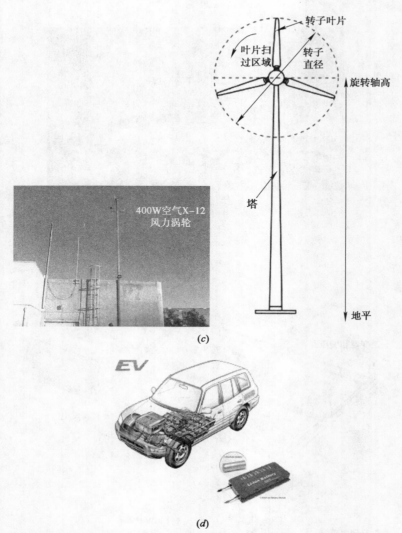

图 9-5　美国航空航天局阿莫斯研究中心建立可再生能源微网综合检测装置
（a）航空航天局阿莫斯研究中心；（b）跟踪光伏矩阵 6x180W；（c）风能透平 400W；（d）能量存储器
（来源：J. Kubby et al）

9.2.2　欧洲微网应用

在欧盟，促进和部署分布式能源（District Energy Resources，DER）期望充分发挥 DER 的优势，使消费者、供应商以及环境均受益。为此已经安排了一批研究、开发和示范（RD&D）项目。

9.2.2.1　德国 Mannheim-Wallstadt 住宅区微网项目

德国 Mannheim-Wallstadt 住宅区从 2006 年 8 月开始微网建设，包括：

电容量：　　　　　　40kW$_p$；

微网技术：　　　　　光伏已安装，热电联产（设计），能量存储（设计）；

图 9-6 所示为 Mannheim-Wallstadt 住宅区微网概况。

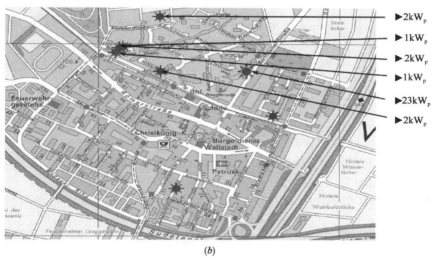

图 9-6   Mannheim-Wallstadt 住宅区微网概况

（a）住宅；（b）容量安排

（来源：Mannheim-Wallstadt）

9.2.2.2   希腊基斯诺斯（Kythnos）岛新一代模式化混合电力微网项目

希腊基斯诺斯岛模式化混合电力微网项目包括：

全岛居民：   2000 人；

电能需求量：   300～2000kW；

柴油发电：   5×柴油发电机，计 400kW_p；

风电公园：   风电透平，500kW_p；

光伏发电：   PV 容量：100kW_p。

图 9-7 给出基斯诺斯岛模式化混合电力微网一览。

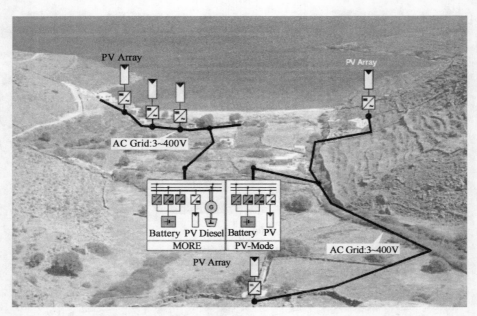

图 9-7 基斯诺斯岛模式化混合电力微网

（来源：NTUA）

9.2.2.3 德国 ISET 电力微网实验室

德国卡塞尔太阳能供应技术研究所（Institut für Solare Energieversorgungstechnik，ISET）是欧洲顶尖电力微网实验室。

图 9-8 所示为 ISET 微网实验室设备。

(a)

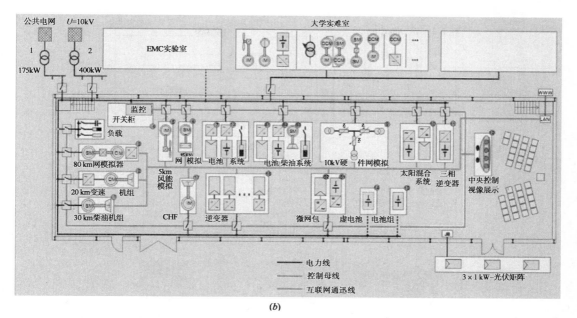

图 9-8　ISET 微网实验室设备

(a) ISET 微网实验室；(b) ISET 微网实验室设备

(来源：ISET)

9.2.2.4　英国曼彻斯特大学惯性储能

图 9-9 所示为在英国曼彻斯特大学惯性能量存储实验室所用的硬件概况。整个系统标称容量仅 20kVA，惯性能量存储和功率电子学设施标称值却高达 1000kW。

此成套测试设施设计成可以研究发电、负荷以及能量存储间的功率电子学接口。图 9-9 中标识"飞轮逆变器"的 AC/DC 逆变器可以由软件构造以达到惯性能量存储系统与微网其余部件的衔接。当图 9-9 中断路器 1 和 2（由微网控制）断开，微网可以成"孤岛"运行。

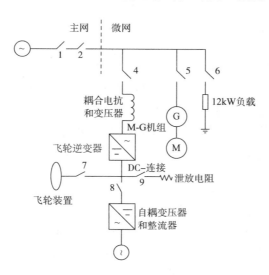

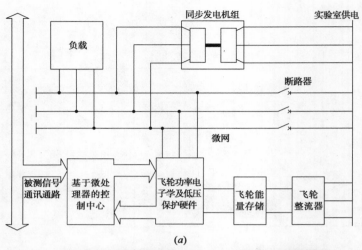

(a)

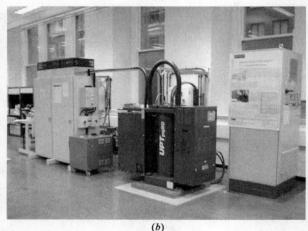

(b)

图 9-9 曼彻斯特大学惯性能量存储实验室

（*a*）曼彻斯特微网实验室简图；（*b*）"飞轮"惯性能量存储部件安装

（来源：University of Manchester）

图 9-10 显示微网并接主网前后从"飞轮"惯性能量存储部件流出实功功率 P 和虚功功率 Q。尽管存在一些噪声，从图可以看出：鉴于"孤岛"微网和主网之间电压和频率的失配，需要大约 400W 实功功率 P 和 2kVAr 虚功功率 Q。联结大约 6.5s 之后，负荷失配由主网供应；"飞轮"惯性能量存储部件不再注入纯功率。

9.2.3 澳大利亚微网应用

图 9-11 显示澳大利亚 Commonwealth Scientific and Industrial Research Organization (CSIRO) 可再生能源集成设施。设施包括：

光伏发电：   PV 容量：114kW$_p$，建筑物集成及跟踪；

风电：   风电透平，62kW$_p$，4 水平轴＋1 垂直轴；

天然气透平： 3×热电联产（CHP），计 150kW$_p$；

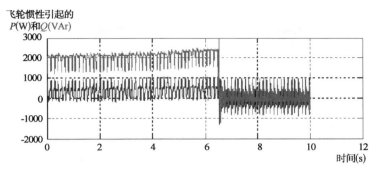

图 9-10　微网再接入主网时"飞轮"惯性能量存储逆变器的实功功率 P 和虚功功率 Q

(来源：University of Manchester)

负荷库：　　　64kW；

逆变器：　　　141kVA；

存储器：　　　特殊电池（115kWh），铅酸电池（112kWh），流动电池（500kWh）。

(a)

(b)

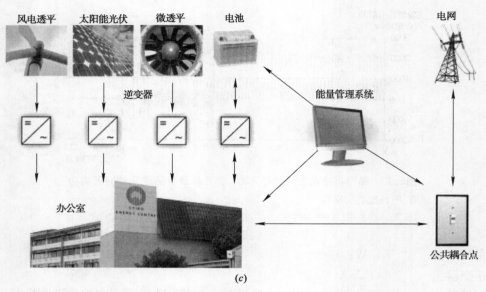

图 9-11　澳大利亚 CSIRO 可再生能源集成设施

(*a*) CSIRO；(*b*) 可再生能源集成设施；(*c*) 微网

(来源：CSIRO)

9.2.4　日本微网应用

9.2.4.1　八户（HACHINOHE）青森（Aomori）微网项目

青森（Aomori）微网于 2005 年 8 月运行，度过了至 2008 年 3 月的示范期。示范期运行结果表明：节能 57.3%；CO_2 排放量降低 47.8%。

图 9-12 所示为日本八户（HACHINOHE）青森（Aomori）微网项目的概况。

9.2.4.2　仙台（SENTAI）微网示范项目

The New Energy and Industrial Technology Development Organization（NEDO）在日本仙台（SENTAI）微网示范项目于 2006 年 10 月完工。

图 9-13 所示为仙台（SENTAI）微网示范项目简图。

能量中心和配电线经单一公共耦合点（Point of Common Coupling，PCC）连接到公用设施线路。分布式能源（DER）主要由 250kW 熔融碳酸盐燃料电池（Molten Carbonate Fuel Cells，MCFC）；2 台 350kW 天然气发电机组和 50kW 光伏电池组供电。微网直接供一些直流负载和 4 个不同质量标准级别（A、B1、B2、B3）的交流用户：1 所大学、中学和 1 座水处理厂。微网有任何电压瞬间突跳，对于 B 级用户有 15ms 时滞反应时间。

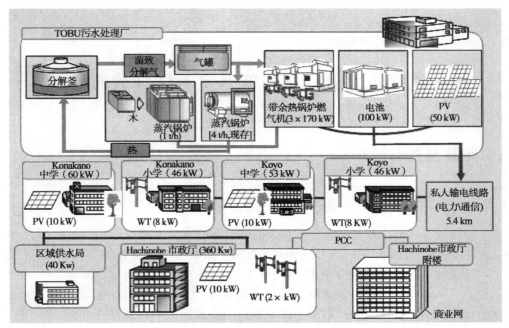

图 9-12　日本八户（HACHINOHE）青森微网

（来源：Y. Fujioka, et.al., 2006）

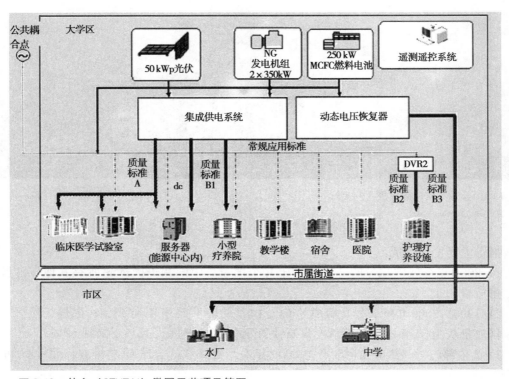

图 9-13　仙台（SENTAI）微网示范项目简图

（来源：K. Hirose et.al., 2006）

10 建筑能量消耗与降低温室气体排放的前景

10.1 能量消耗与碳排放

10.1.1 全球二氧化碳排放最新数据

为了协助领导者和决策者准备即将召开的联合国气候变化框架公约（United Nations Framework Convention on Climate Change，UNFCCC）会议，国际能源局（IEA）最近公布了一份文件，包含一个关于燃料燃烧产生的 CO_2 排放的报告《CO_2 emissions from fuel combustion》。关于 2009 年全球二氧化碳排放量的统计数字显示：自 1990 年以来，发达国家的燃料消耗首次下降。不过，IEA 指出下降原因最有可能是在 2008～2009 年的经济衰退席卷西方世界，并且预计在 2010 年的排放量数据会大幅"反弹"（图 10-1）。

图 10-1　全球二氧化碳排放
（来源：Graphic Obsession）

报告主要发现包括：

1）2009 年全球排放量的 2/3 源于十几个国家，中国和美国远超所有其他，占世界 CO_2 排放量的 41%。

2）1990～2009 年间，燃烧煤成的 CO_2 排放量从 40% 增长到 43%；燃烧天然气成的 CO_2 排放量从 18% 至 20%，而从燃烧石油引发 CO_2 排放量从 42% 下降到 37%。

3）2 个部门——热电和运输产生 2009 年生产近 2/3 的全球 CO_2 排放，而 1990 年仅是 58%。

10.1.2 发电产热——全球最大二氧化碳排放源

上述估算和美国国家海洋和大气局（the US National Oceanic and Atmospher Agerncy，NOAA）地球系统研究实验室积累的数据是一致的。2011 年五月，NOAA 发表的研究报告显示，二氧化碳的含量已达到实验室在其 50 年有历史记录以来的最高水平。

根据 IEA，发电产热成为 CO_2 最大的辐射源——世界排放量的 41％。再加上运输部门的化石燃料燃烧，总共产生相当于全球排放量的 2/3。

个别地区已通过碳立法。例如，加利福尼亚州已制定法律 AB32，目的在于将温室气体排放量到 2020 年降低到 1990 年的水平。不久以前澳大利亚已近实现该国的第一次全国碳立法，众议院已通过了一项碳税方案。能源法案通过参议院通过才能成为法律，如是，它将成为这个星球上最全面的减碳能源政策之一。

《联合国气候变化框架公约》会议于 2011 年 11 月 28 日在南非德班开幕。许多环保和气候变化科学家，不断为一项具有法律约束力的条约以减少全球温室气体排放而奔走呼号，却一直没有结出硕果甚至再次看到 2010 年会议的失败。

10.1.3 国际能源局关于建筑节能低碳技术路线图

2011 年 5 月 16 日，国际能源局（IEA）向媒体发布消息：住宅建筑、商业建筑以及公共建筑加热采暖和制冷技术能量利用高效且释放 CO_2 少（甚至不释放 CO_2）可以大幅度地减少能量消耗和 CO_2 释放。上述建筑加热采暖和制冷的能耗占到大约最终世界总能耗的 1/3。

IEA 公布的技术路线图——能量利用高效的建筑：加热采暖和制冷技术设施已经显示诸如太阳能加热、热泵、热能存储和为建筑服务的热电联产技术可以有潜力到 2050 年减少 CO_2 释放 2Gt，即如今建筑释放 CO_2 量的 1/4 并且到 2050 年节省燃烧 7.1 亿 t 油的等效能量。

路线图展现了如何在建筑物中彻底改造加热采暖和制冷并提供热水。到 2050 年，化石燃料在建筑空间供热和热水制备所占比例，（依照地区不同）减到仅为今天的 5％～20％；而全球制冷系统的平均效率将提高 2 倍之多。

报告强调 4 个关键技术选项，其他技术和燃料起到相对较小但却重要的作用（如生物质）：

1）有源太阳能热系统：太阳能加热水再作空间采暖或者更普及供应卫生用热水；

2）建筑用热电联产空间采暖或者更普及供应卫生热水甚至经热驱动冷水机组来提供空间制冷；

3）有高终端效益的热泵系统（如空调一般）可设计成产热或制冷，取决于系统设计生产一体化；

4）热能存储对于可再生能量意义重大——使产热或制冷系统能够最佳运行；提供增加平衡能量系统的灵活性。

太阳能热系统能力将发展为今天水平的 25 倍；为建筑物提供服务的热电联产（CHP）容量为今天水平的 45 倍。

到 2050 年，全世界有一半的空间采暖和热水制备系统装备有热能存储。

10.2 建筑能耗与碳排放前景

10.2.1 影响建筑能量利用效益的因素及发展趋势

图 10-2 所示为影响建筑能量利用效益的因素及发展趋势。

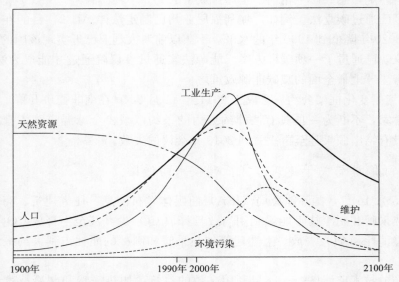

图 10-2 影响建筑能量利用效益的因素及发展趋势
（来源：Roberto Pagani）

从图 10-2 可以清楚地看出：从 1900 年至 2011/2012 年，世界人口、工业生产、建筑的维修保养和环境污染都一直在向上增长；而自然资源在最近二三十年却有渐竭的趋势。这意味着：人类必须采取措施拯救地球，改变这一趋势而且刻不容缓。

10.2.2 面对能量和环境挑战的技术措施

图 10-3 形象地描绘了面对上述能量和环境挑战的可能技术措施。

从图 10-3 沿时间轴可以看出：现在我们正处于面对能量和环境挑战所采取应对技术措施的第一波及第二波的开始。此图涵盖的技术在本丛书中（除了核能）均作了较详尽的介绍。从中显而易见，建筑能量利用高效首当其冲。

正如 10.1.3 中所介绍 IEA 公布的技术路线图——能量利用高效的建筑：加热采暖和制冷技术设施已经显示诸如太阳能加热、热泵、热能存储和为建筑服务的热电联产技术。

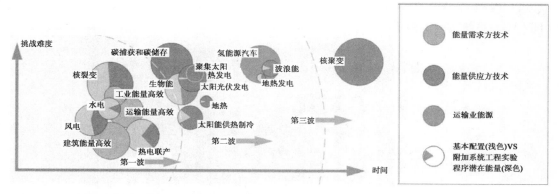

图 10-3 面对能量和环境挑战的可能技术措施

(来源：EC Joint Research Centre)

10.3 能量消耗与碳排放最佳化

这里，着重讨论现存建筑节能改造使能量消耗与碳排放最佳化、社区能量消耗与碳排放最佳化 2 个要点，或者说 2 个难点。

10.3.1 现存建筑节能改造使能量消耗与碳排放最佳化

在过去的 10 年中，关于建筑节能低碳的技术和标准发展迅速。本丛书第一册《无源房屋——能量效益最佳建筑》对此也作了详细介绍。主要措施包括：建筑围护结构、窗户、供热通风及空调（HVAC）、热水、电气的设计和建造，以期最大限度地提高能量利用效率并减少温室气体排放。第二册《建筑无源制冷和低能耗制冷》集中对解决建筑制冷这一耗能剧增的领域提高能量利用效率及减少温室气体排放的方法作了尽可能全面的介绍。本丛书第三册《建筑可再生能源的应用（一）》和第四册《建筑可再生能源的应用（二）》分别对太阳能热、太阳光伏、地热资源、潮汐能、生物质能、风能、小水电和波浪能以及环境热等在建筑中的应用结合实例给予介绍、分析和评价。

这些建筑节能低碳以及引入可再生能源到建筑物的研究成果和实际经验为新建建筑的设计、施工和验收提供了标准和样板。

然而，目前这些建筑节能低碳和可再生能源应用的举措和标准应用到大量现存建筑物尚须达到：不但能量利用高效，而且投资改造花费也高效。图 10-4 描绘了 IEA 对现存建筑物节能改造提出进行研究的要求。切实可行，能量利用和投资改造花费均高效的标准将对现存建筑节能低碳和可再生能源应用极为重要。

比较图 10-4（a）现存建筑和（b）现存建筑物节能改造使能量消耗与碳排放最佳化的要求可以看出：

1）建筑物整体能耗降低 50％以上；

2）建筑物温室气体排放减少 80％～90％；

3）生命周期花费降低约 50%；

4）当然投资花费有所增加，主要在建筑围护结构、窗户、供热通风及空调（HVAC）系统设施的改进。

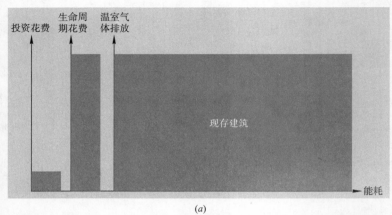

(a)

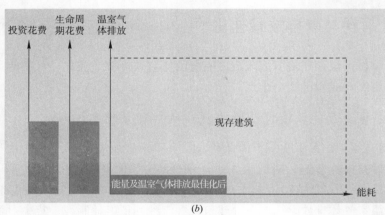

(b)

图 10-4　现存建筑物节能改造使能量消耗与碳排放最佳化

（a）现存建筑；（b）现存建筑物节能改造使能量消耗与碳排放最佳化

（来源：IEA 2010）

10.3.2　社区能量消耗与碳排放最佳化

IEA 各成员国为实现节能 40% 的目标都在各个领域为降低能耗与减少温室气体排放量而忙碌。对于单个建筑物节能低碳的努力已经取得令人鼓舞的成绩。但是，对于社区以至城市，除了几个个别情况，大部分能耗与温室气体排放并未减少，而是增加了。

对于这种规模，其中有更复杂的技术和经济原因。而达成协议、能量方案、投资决策、课题管理和政策决断往往比技术问题更棘手。相比单个建筑物节能低碳的努力，社区或城市在经济方面最佳化比引入高新技术更为重要。

社区能量方案的设计除了应当考虑传统工程任务，还要多方共同探索政策决断、课题管理以及完成方法。这归结为给予设计者、决策人和投资者对能量设计的整体探索提供必要的方法和手段。

图 10-5 给出社区能量系统各种可能的集成。

图 10-5　社区能量系统可能的集成
（来源：IEA 2010）

10.4　建设可持续发展的家园

10.4.1　可持续发展的 3 元素汇聚

图 10-6 所示是被广为认可的可持续发展视觉模型。可持续发展是环境、社会和经济的汇聚。对于可持续发展的建筑和社区，亦应当集能量经济、生态环境和社会和谐 3 种功能于一身。

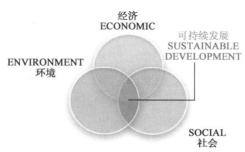

图 10-6　可持续发展视觉模型
（来源：Parkins，2000）

本丛书主要瞄准"节能低碳"，提供建筑设计和最新技术的实践记录以及通过案例展现最新研究状况，即将建筑与能量之间的关系朝向无源（PASSIVE）推进。

建筑与环境的和谐是可持续发展的另一重要方面，即将建筑和环境之间关系朝向生态友好（ECOLOGIC）推进：建筑生态的基本概念、建筑环境的生态设计、建筑材料生命周期循环、建筑使用者的生命健康和建筑仿生学等内涵。

10.4.2 影响建筑和社区可持续发展的 3 个方面

图 10-7 所示为影响建筑和社区可持续发展的 3 个主要方面：设计、决策和调控；建筑围护结构及技术系统；技术采纳和部署。3 个方面归结为节能、低碳、可持续发展，建设我们环境优美、生态平衡、社会和谐的家园。

图 10-7　建筑和社区可持续发展

（来源：IEA 2010）

11 有关可持续建筑材料、可再生能源在建筑和社区集成的书籍

Edited by J. Khatib. Sustainability of Construction Materials. Woodhead Publishing Ltd, April 2009.

Holger König, Niklaus Kohler, Johannes Kreißig, Thomas Lützkendorf. Lebeuszykluwanalye: der Gebäudeplanung—Grundlagen, Berechnung, Planungswerkzeuge. DETAIL Green Books, 2009.

Edited by John L Provis and Jannie S. J. Van Deventer. Geopolymers: Structures, Processing, Properties and Industrial Applications. Woodhead Publishing Ltd, June 2009.

Joseph Davidovits, Geopolymer chemistry and Applications (3-rd Edition). Institut Géopolymère, Feb. 2008.

Thilo Ebert. Zert: fizierngsystie for Gebäude Ins. F. Int. Architektur, Oct. 2010.

Bernhard Lenz. Nadhaltige Gehäuditedil Ins. F. Int. Architektur, Apr. 2010.

Clemens Richarz. Energetisde somiery Ins. F. Int. Architektur, 2011.

Karsten Voss. Nallenagie gebäwbe Ins. F. Int. Architektur, May 2011.

Bergische Universitöt Wuppertal. Solar Ardiektar Ins. F. Int. Architektur, 2011.

Holger Watter. Grundlagen, Systemtechnik und Anwendungsbeispiele aus der Praxis. Vieweg+Teubner, 2009.

Viktor Wesselak, Thomas Schabbach. Regaeratirt Engeittedid Springer, Berlin, 2009.

Edited by Charles J. Kibert, J. Sendzimir and G. Bradley Guy. Construction Ecology—Nature as the Basis for Green Buildings. SPON Press, 2002.

Edited by K. Hanjalic, R. Krol, A. van de, Lekic. Sustainable Energy Technologies-Options and Prospects. Springer，2008.

Eric Theiß. Regenerative Energietechnologien-Anlagenkonzepte，Anwendungen，Praxis-tipps. Fraunhofer IRB Verlag，2008.

Peter F. Smit. Sustainability at the Cutting Edge：Emerging Technologies for Low Energy Buildings. Architectural Press，2003.

Bent Sørensen. Renewable Energy-Physics，Engineering，Environmental Impacts，Econom-ics & Planning 4th edition. Academic Press，2011.

Herausgegeben von D. Glücklich. Ökologisches Bauen von Grundlagen zu Gesamtkonz-epten. DVA，2005.

图 1-1　威尔士西北部盛产石板的小镇 Blaenau Ffestiniog
（来源：Snowdonia）

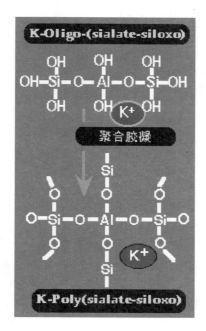

图 1-3　地质聚合物从钾 – 微量（硅铝 – 硅氧）构造经聚合胶凝变成断面网格的钾 – 微量（硅铝 – 硅氧）构造固化过程
（来源：Geopolymer Institute）

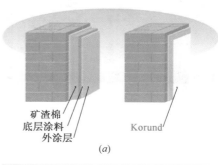

(a)

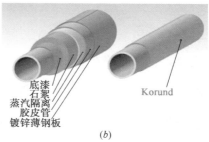

(b)

图 1-16　Korund 产品的应用
(a) 建筑墙体；(b) 工业管道
（来源：Korund）

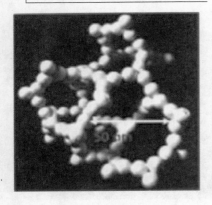

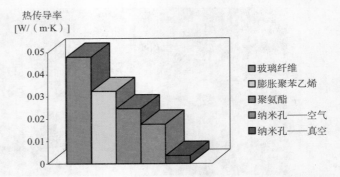

图 1-17　纳米孔超保温材料尺寸示意
（来源：NanoPore）

图 1-18　纳米孔超保温材料和常用保温隔热材料间的热传
导率比较
（来源：NanoPore）

(a)　(b)

图 1-19　生产预浇铸墙板
(a) 安装就位；(b) 快速方便
（来源：CHRYSO）

(a)　(b)

图 1-20　基于透明隔热材料的建筑前立面
(a) 多家住宅（德国 Rotkreuz 市）；(b)Townhouse(德国 Braunschweig 市）
（来源：Sto AG）

图 1-26　瑞士巴阿的一座单层画室，屋顶和地板安装了 VIP

(a) 建筑外观 ；(b)VIP 和窗户结点垂直断面 ；(c) 室内屋顶红外线热像图，立柱直接接触混凝土板 ；
(d)VIP 地板隔热层安装步骤

(a)

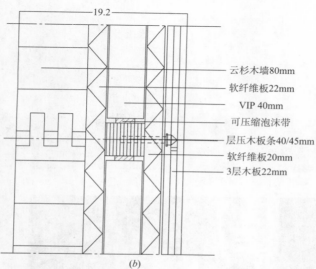

19.2

云杉木墙80mm
软纤维板22mm
VIP 40mm
可压缩泡沫带
层压木板条40/45mm
软纤维板20mm
3层木板22mm

(b)

(c)

(d)

图1-28　德国慕尼黑一座独家半木住宅外墙、屋顶和门安装了VIP

(a)建筑外观：左–南立面，右–北立面；(b)北墙剖面图；(c)板条上安装VIP；(d)建筑物东北角热像图

图 1-32　搅拌成混凝土

左：与飞灰或焦渣搅拌成混凝土；

右：与白水泥搅拌成混凝土

（来源：LEED）

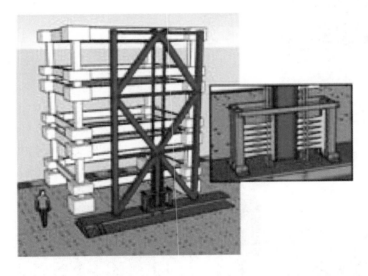

图 2-1　"形状记忆合金"用于
建筑物抗震框架连接元件

（来源：POPSCI）

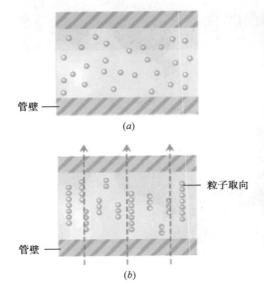

管壁

(a)

粒子取向

管壁

(b)

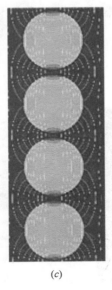

(c)

图 2-3　磁致流变液体作为智
能液体的工作原理

(a) 当没有加磁场时，悬浮的粒子（小
磁偶极子）分布是随机的，液体流动
容易；(b) 当磁致流变液体加上磁场时，
悬浮的粒子取向排列而更黏稠不易流
动；(c) 所加磁场模型（白色线），非
线性磁通（彩色轮廓线）

（来源：(a)，(b)——The Economist；
(c)——John Ginder 和 Craig Davis）

217

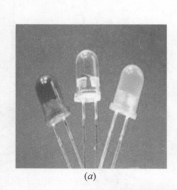

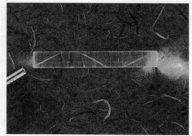

(a)

(b)

图 3-1 由 3 个 LED 组合色相混合而呈一种热白光光谱图

(a) 三色 LED；(b) 热白光谱，在 455nm、547nm 和 623nm 处具有尖峰

（来源：Yoshi Ohno）

图 3-4 光在光纤内全内反射传输

图 3-7 光纤照明应用在室内顶棚的星空效果

（来源：Unlimited Light）

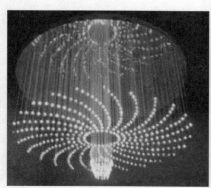

图 3-8 光纤灯具

（来源：SWAROVSKI）

图 4-6　弗赖堡市绿色居民区场景
(来源：L. Alter)

图 4-9　建筑物集成太阳能光伏屋
顶瓦板的安装

(来源：Dow Powerhouse)

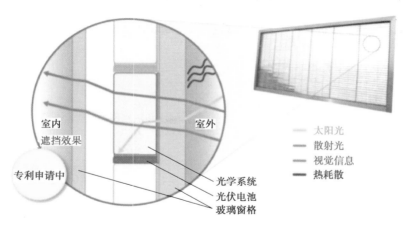

室内
遮挡效果

室外

专利申请中

光学系统
光伏电池
玻璃窗格

太阳光
散射光
视觉信息
热耗散

图 4-10　建筑集成光伏发
电单元侧断面

(来源：Pythagoras Solar)

219

图 4-16 太阳能光伏喷涂 (solar paint)
（来源：Science Daily）

图 4-21 特高层大厦顶层的边缘和角落处风
分成不同气流形成旋涡
（来源：Reinhold Ziegler）

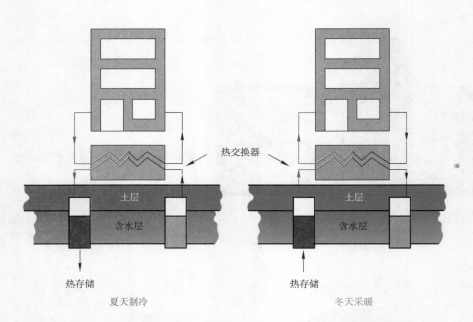

图 4-32 连接存储器的地源热泵建筑物空间冬天采暖、夏天制冷和热水制备
（来源：Wikipedia）

220

图4-35 芬兰 VTT 建筑物集成
燃料电池和其他余热发电系统模
拟的项目实验布局
（来源：VTT）

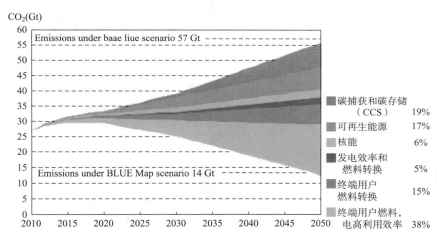

图 5-1 减少 CO_2 排
放的关键技术
注：蓝图情景考虑全球能
耗释放的 CO_2 到 2050 年减
少到 2010 年的一半。蓝图
情景的考量与全球长期气
温上升幅度 2~3℃ 是一致
的，但是只有当能耗释放的
CO_2 的减少与其他温室气体
排放大量削减相结合才行。
BLUE Map scenario 的实现
还确保燃料供应安全性，
减少对石油、天然气的依赖
性；减少空气污染，保障人
类健康。
（来源：IEA 2010)

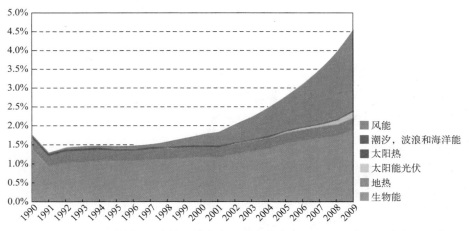

图 5-3　1990~2009 年可再生能源技术在世界全部发电量 (TWh) 中比重的突飞猛进
注：全球 1990 年和 2009 年的发电量分别为 7440TWh 和 9960TWh
（来源：IEA)

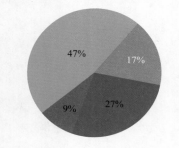

图 5-4 2008 年全球最终能耗分解为：热能、运输、电能和非能量用途

注：非能量用途指的是能源在很多领域用作原材料，并不消耗或者转换成另一种燃料，比如说，石油用作制造塑料就可分类出非能量用途部分；电能用于运输所耗费能量从运输耗能中扣除；汽车生产产生的热因自用没有计入；没有用电产生的数据，因此亦没有考虑。

（来源：IEA）

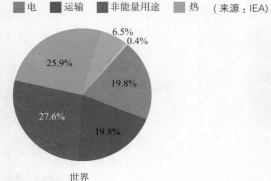

世界

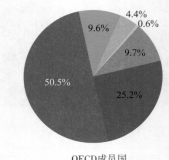

OECD成员国

煤和泥炭　　石油原油　　天然气
可再生燃料和可燃废物　　商业供热　　地热、太阳能及其他

图 5-5 世界范围内和在经济合作与发展组织(OECD)成员国中产热以满足要求的所用燃料分配组合

（来源：IEA）

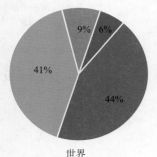

世界

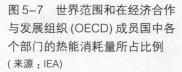

OECD成员国

商业和公共部门　　农、林、渔业及非指定部门　　工业部门　　住宅部门

图 5-7 世界范围和在经济合作与发展组织(OECD)成员国中各个部门的热能消耗量所占比例

（来源：IEA）

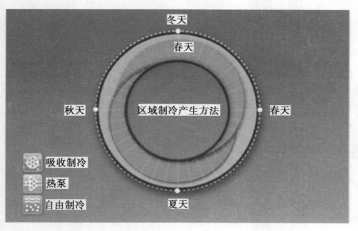

图 5-8 吸收制冷作为芬兰赫尔辛基区域制冷技术组合的一部分

注：自由制冷指的是利用冷海水实现的制冷。

（来源：Helsinki Energy）

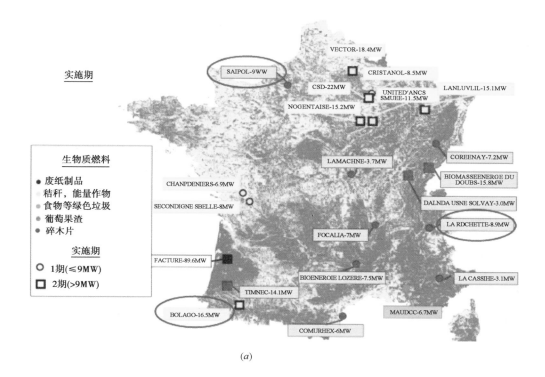

(a)

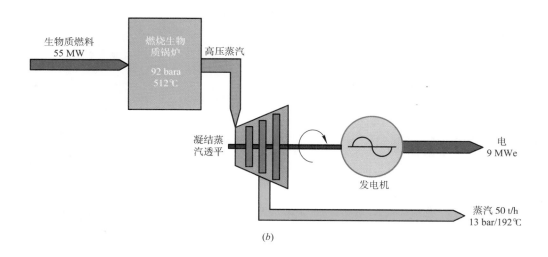

(b)

图 5-11　法国热电联产热电厂

(a) 法国工业部 22 个不同生物质燃料热电联产发电厂布局；(b) 法国北部 Grand-Couronne 的生物质燃料热电联产发电厂方框图

（来源：COFELY）

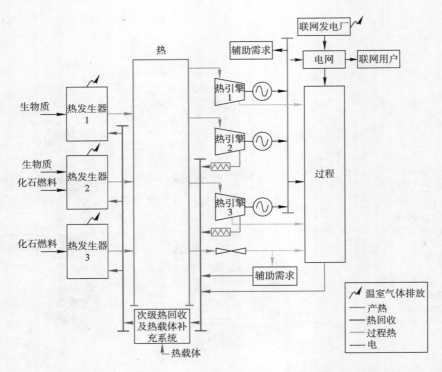

图 5-14 联合国气候变化公约主持的中国河南省鹿邑县 25MW 生物质热电联产项目原理框图

(来源：CDM)

图 5-17 德国上莱茵地堑地区地热资源热电联产 (CHP) 热电厂项目以及仅产热厂项目的部署规划

(来源：BE Geothermal)

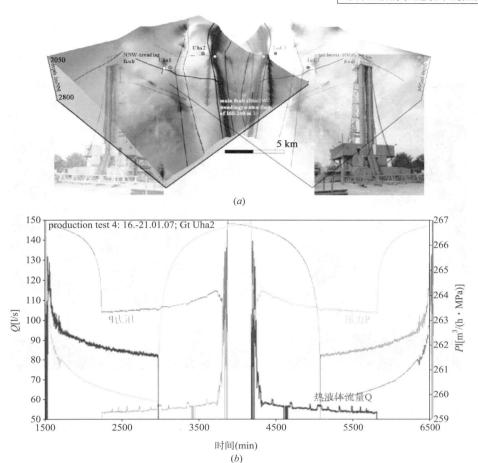

(a)

(b)

图 5-18　德国具 10MW 发电产热能力的 Untehaching 热电联产厂

(a) 地区的泥灰岩地层地形顶视，红圈为选择井位；白圈为实际钻井井位；右边展示钻井情形；(b) 生产测试 4(production test 4)Uha2 井控制压力 (P) 和热液体流量 (Q) 间的关系

（来源：M. Wolfgramm et al)

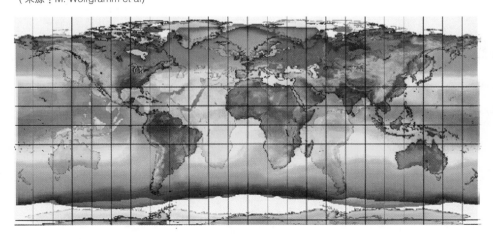

图 5-22　世界范围海水表面年平均温度

注：深红色约 29℃，深蓝色为 −1℃

（来源：Santa Barbara City College）

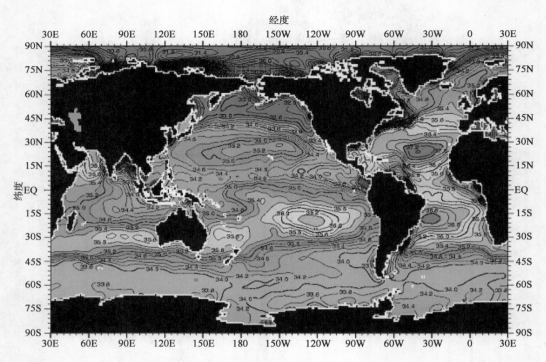

图 5-23　世界范围海水表面年平均含盐度 (g/kg)

注：深红色含盐量高，蓝色低

（来源：National Ocenographic Data Centre，NODC)

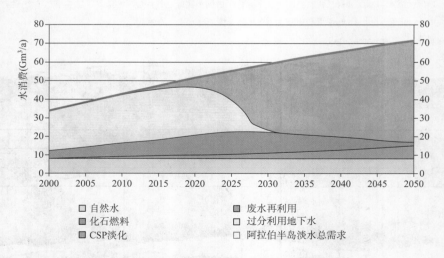

图 5-24　阿拉伯半岛至 2050 年的淡水需求量及各种满足方式

（来源：Deutsches Zentrum für Luft-und Raumfahrt，DLR)

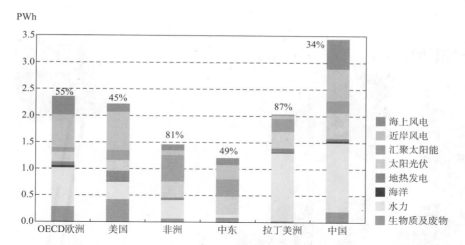

图 5-27　按照蓝图，世界主要国家和地区到 2050 年可再生能源发电的增长 (%)

（来源：IEA 2010）

(a)

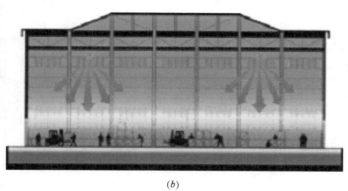

(b)

图 6-11　加拿大魁北克省 Bagotville 空军第三航空中队飞机库利用远红外线辐射采暖

(a) 飞机库外观；(b) 远红外线辐射到地面采暖

（来源：Canadian Forces Base Bagotville)

(a)

(b)

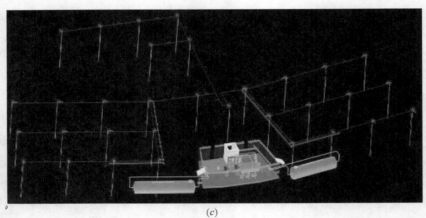

(c)

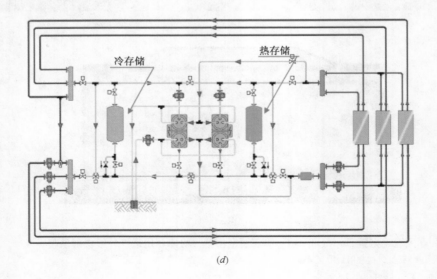

(d)

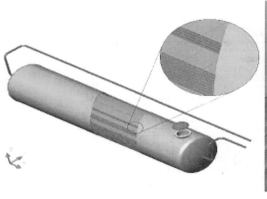

(e)

图 6-17　意大利 Chieri 研究应用热泵和可逆空调案例

(a) 建筑物外观；(b) 地下垂直探针简图；(c) 带有加热和制冷设施的地下钻孔阵和换相（冷热）存贮罐；(d) 加热、通风和空调 (HVAC) 系统；(e) 换相（热）存贮罐结构简单示意（左），内部相变板清晰可见（右）

（来源：Politecnico di Torino)

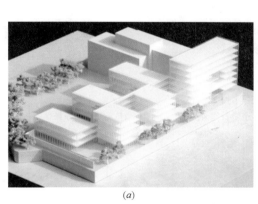

(a)　　　　　　　　　　　　　　　　(b)

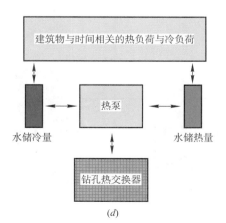

(c)　　　　　　　　　　　　　　　　(d)

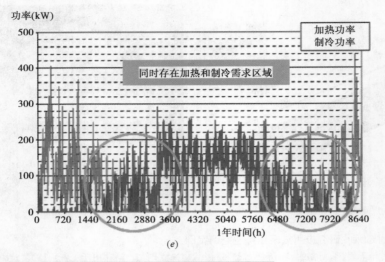

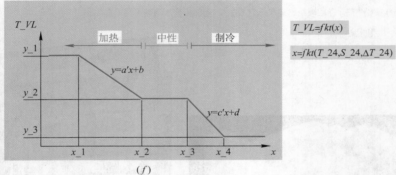

图 6-18 德国明斯特研究应用热泵和可逆空调的案例

(a) 建筑物外观模型；(b) 屋顶安装太阳能光伏模板；(c) 人造岩石作为空气阻挡；(d) 地热能量概念系统简图；(e) 全年加热和制冷负荷；(f) 按照新控制策略供应温度

(来源：Hochschule Nürnberg，Germany)

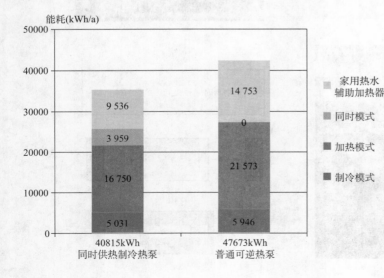

图 6-20 法国雷恩 (Rennes) 一个 45 张床位旅馆采用同时供热和制冷热泵 (HPS) 系统及普通可逆热泵系统的年能耗比较

(来源：INSA Rennes)

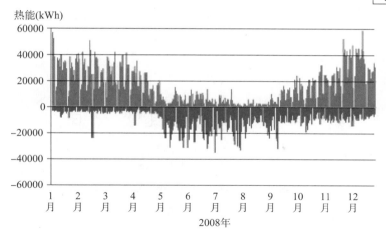

图 6-23 2008 年全年加热和制冷要求的时间分布

(来源：Université de Liège)

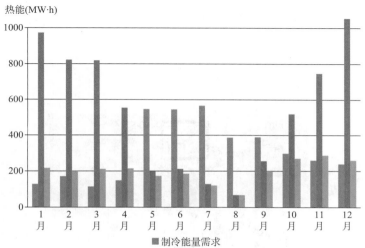

(a)

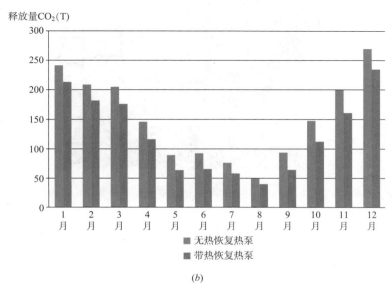

(b)

图 6-24 分步及整体模拟考核的结果

(a) 逐月制冷和加热要求以及有热泵提供的加热热能；(b)CO_2 释放逐月减少

(来源：Université de Liège)

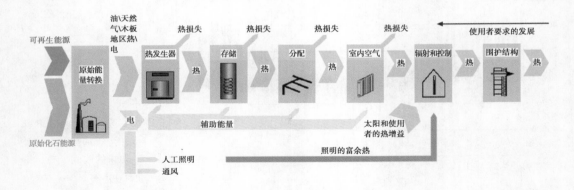

图 6-25 目前建筑物空间采暖的能量供应链
（来源：Schmidt，2004）

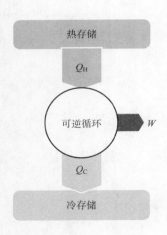

图 6-26 可逆热功率循环（卡诺循环）
（来源：Herena Torio & Dietrich Schmidt）

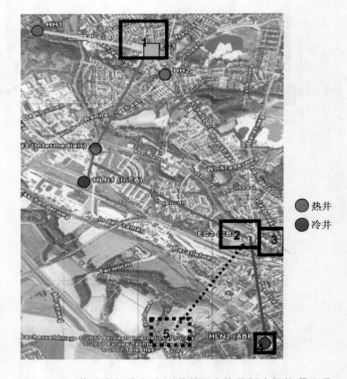

图 6-33 荷兰海尔伦市建筑群利用冷热井制冷供热项目现场鸟瞰

1-Heerlerheide Centre；2-CBS offices old and new；3-Maankwartier；
4-APG building；5-(Campus(Arcus，HS Zuyd，OU))

（来源：Fraunhofer IBP）

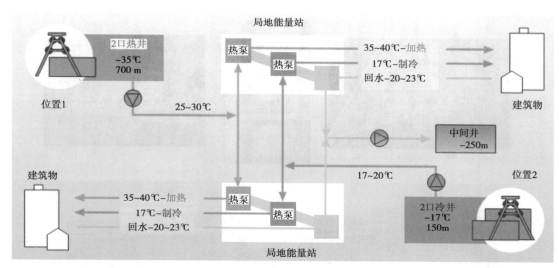

图 6-35　荷兰海尔伦市建筑群能量管理系统
（来源：Fraunhofer IBP)

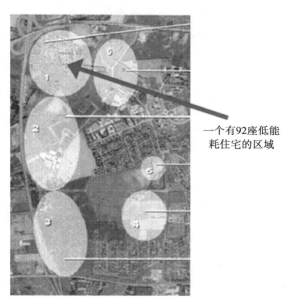

一个有92座低能
耗住宅的区域

图 6-42　丹麦 Ullerrød-byen 区域热网
（来源：Svendsen et al.)

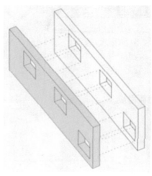

(a)

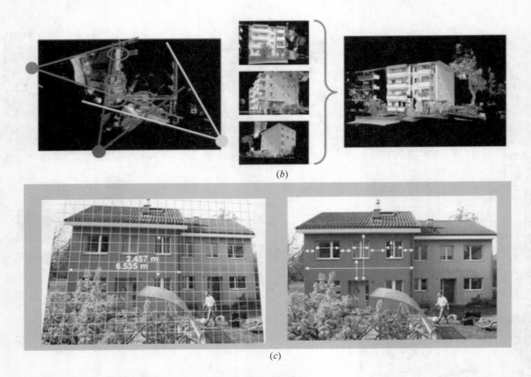

图 6-48　大型低能耗预制件与现存建筑物相匹配的措施

(a)3D 测量与现存建筑物相匹配；(b) 依共同参考基点从 3 个方向激光扫描；(c) 具有参考测度的数字摄影
（来源：TES-Energy Facade）

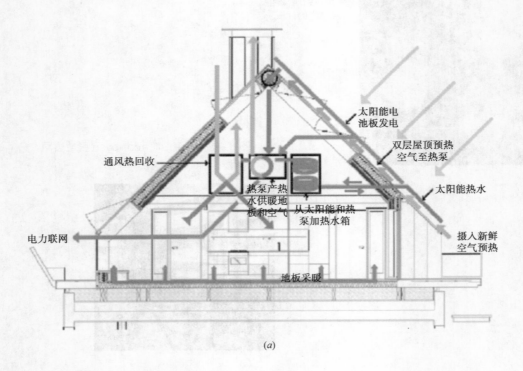

太阳能电
池板发电

双层屋顶预热
空气至热泵

通风热回收

太阳能热水

热泵产热
水供暖地
板和空气

从太阳能和热
泵加热水箱

摄入新鲜
空气预热

电力联网

地板采暖

(a)

(b)

(c)

图 6-50　丹麦哥本哈根 Velux 低能耗预制系统

(a) 供热通风空调 (HVAC)、热水制备和太阳能设施结合的预制系统模块结构；(b) 现场整体组装；(c) 室内一瞥

（来源：Soltag）

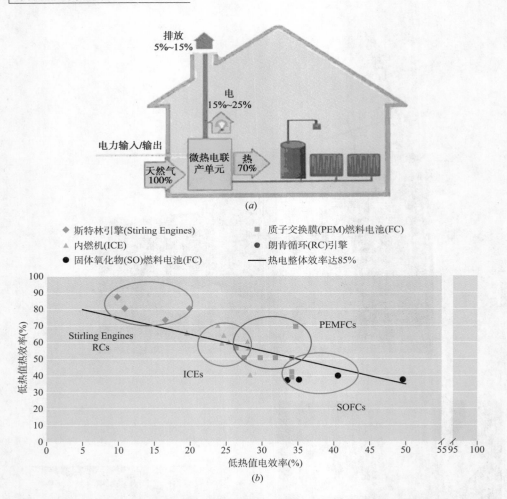

图 6-53 微型热电联产单元替代中央采暖系统中锅炉的安排及相关能量技术

(a) 微型热电联产单元替代中央采暖系统中锅炉的安排；(b) 所采用能量技术

（来源：Delta Energy and Environment）

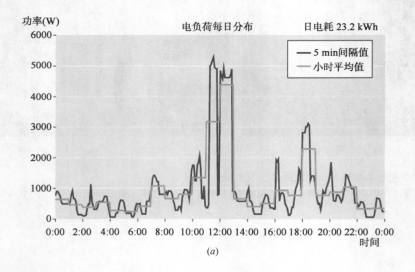

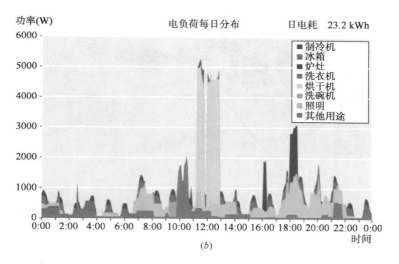

图 6-54　独家住宅建筑每日电负荷统计平均值及用途分类

(a) 独家住宅建筑每日电负荷统计平均值；(b) 电器用途分类

（来源：Ian Beausoleil-Morrison）

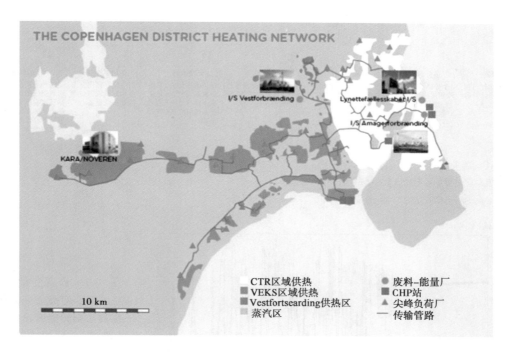

图 7-7　丹麦哥本哈根中心区域供热网络

（来源：Engineering Timelines）

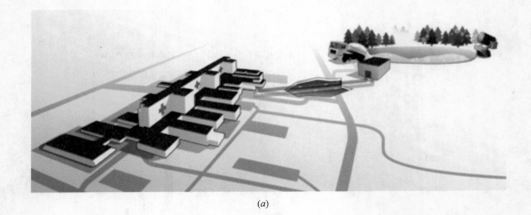

(a)

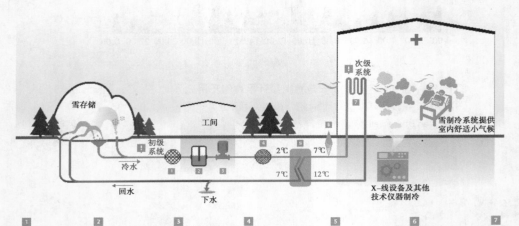

1	2	3	4	5	6	7
粗过滤器	油分离	泵	细过滤器	热交换器	备用制冷	冷却水循环
溶化的雪水经过粗过滤以防止木片砂砾等进入系统	1个分离油的装置清除积雪街道可能的油污，油分离器在每一个"制冷季"后被净空	2台水泵将水泵至医院建筑物方向	1台细网孔捕捉残留的污垢，此过滤器借助反向冲刷的水而自清	保持温度约为2℃的水被泵至2台热交换器，将冷量交出使次级系统温度从12℃降至7℃	当雪库存储用完由备用制冷设施短期冷却医院设备	经过热交换器，冷却了通风空气的次级系统循环水提高了从雪存储出来的水温，然后，返回雪存储库，继续溶化更多雪

(b)

图 7-11　瑞典松兹瓦尔区域雪制冷系统

(a) 松兹瓦尔区域雪制冷系统示意；(b) 雪制冷工作原理

（来源：Kjell Skogsberg & Bo Nordell）

全方位辐射（W/m²）

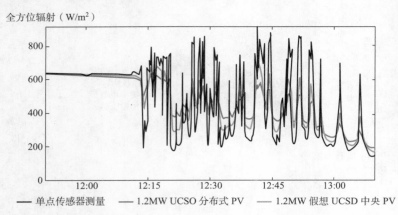

图 9-4　云高变动时期，在从 UCSD 依单一光伏传感器太阳辐射输出的变化（黑线）；假想 1.2MW 中央光伏（绿色）变异减少；分布式 1.2MW 光伏系统（红色）的变异更小

（来源：I. Patringenaru）

(a)

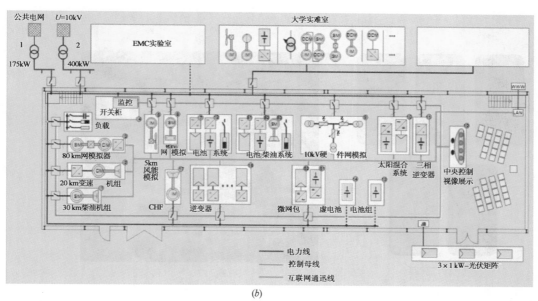

(b)

图 9-8　ISET 微网实验室设备

(a)ISET 微网实验室；(b)ISET 微网实验室设备

（来源：ISET）

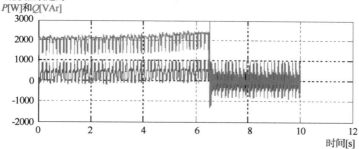

图 9-10　微网再接入主网时
"飞轮"惯性能量存储逆变器的
实功功率 P 和虚功功率 Q

（来源：University of Manchester）

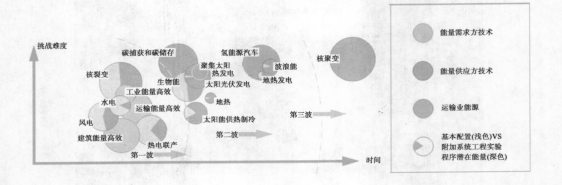

图 10-3　面对能量和环境挑战的可能技术措施
（来源：EC Joint Research Centre）

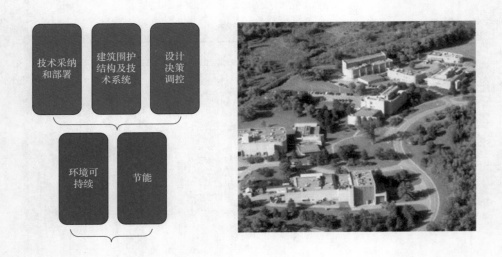

图 10-7　建筑和社区可持续发展
（来源：IEA 2010）